河南省“十四五”普通高等教育规划教材

动物解剖与组织胚胎学实验指导

李　奎　余　燕　闫峰宾　主编

中国农业大学出版社
·北京·

内容简介

《动物解剖与组织胚胎学实验指导》是与理论教材配套的实验指导用书，全书彩色印刷，根据理论教材内容进行配套编写和排版，有助于学生对理论知识的实践学习。每个实验按目的与要求、实验内容与实验方法、作业三部分进行编写，通过实验增强学生对理论知识的掌握程度。

图书在版编目(CIP)数据

动物解剖与组织胚胎学实验指导/李奎，余燕，闫峰宾主编. --北京：中国农业大学出版社，2023.9

ISBN 978-7-5655-3064-7

Ⅰ.①动… Ⅱ.①李…②余…③闫… Ⅲ.①动物解剖学-实验-高等学校-教材②动物胚胎学-组织（动物学）-实验-高等学校-教材 Ⅳ.①Q954-33

中国国家版本馆 CIP 数据核字(2023)第 173746 号

书　名 动物解剖与组织胚胎学实验指导

作　者 李　奎　余　燕　闫峰宾　主编

策划编辑 张　玉　　**责任编辑** 田树君

封面设计 李尘工作室

出版发行 中国农业大学出版社

社　址 北京市海淀区圆明园西路 2 号　　**邮政编码** 100193

电　话 发行部 010-62733489,1190　　读者服务部 010-62732336

编辑部 010-62732617,2618　　出　版　部 010-62733440

网　址 http://www.caupress.cn　　**E-mail** cbsszs@cau.edu.cn

经　销 新华书店

印　刷 运河(唐山)印务有限公司

版　次 2023 年 12 月第 1 版　2023 年 12 月第 1 次印刷

规　格 185 mm×260 mm　16 开本　8.75 印张　212 千字

定　价 29.00 元

编　委　会

主　编　李　奎　余　燕　闫峰宾

副主编　商艳红　徐之勇　王　军　李建柱

编　委　（以姓氏笔画为序）

王　军　河南牧业经济学院
司丽芳　河南科技大学
朱雪敏　河南科技大学
朱惠丽　河南科技学院
闫峰宾　河南农业大学
孙　娟　河南农业大学
李　奎　河南农业大学
李建柱　信阳农林学院
李梦云　河南科技大学
余　燕　河南科技学院
张　曼　河南牧业经济学院
张自强　河南科技大学
张利卫　河南牧业经济学院
张秀林　河南科技学院
陈　敏　信阳农林学院
金　鑫　河南农业大学
柳东阳　河南科技学院
徐之勇　河南科技学院
商艳红　河南农业大学
彭永帅　河南牧业经济学院

主　审　肖传斌　河南农业大学

前　言

动物解剖与组织胚胎学是动物科学和动物医学专业教育的基础学科之一，属于形态学的范畴。在专业教育中，担负着为生物化学、生理学、组织病理学、免疫学、繁育学及产科学等奠定基础的重任。动物解剖与组织胚胎学实验指导是课程的重要组成部分。详细认真地观察家畜各系统中主要器官的位置、形态特点及其微细结构，是学生深入理解和记忆基本理论的有效途径。

本教材认真贯彻落实党的二十大对教材建设与管理提出的新要求，以培养更多应用型、技能型人才为目标，根据河南省"十四五"普通高等教育规划教材《动物解剖与组织胚胎学》内容要求，结合各参编教师的意见和教学经验编写而成。

为更好地适应动物医学、动物科学及相关专业的教学改革，强化学生创新意识和创新能力的培养，本实验教材以文字表述为主，并配有相应的图片。实验依据章节内容的多少、在专业教育中的地位进行科学安排。各院校教师可根据本校的实际情况和教学计划，对每一个实验的具体内容进行取舍。有些内容可供大学生自学，以拓宽其知识面。

本教材中每一个实验均以简洁的文字给出了实验的目的与要求、实验内容与实验方法和作业。为帮助和提高学生对动物解剖与组织胚胎学标本的识别和阅读能力，每个实验后面都插有图片，所有的图片反差适中、层次丰富，使实验指导具有很强的可读性和实用性。本书承蒙河南农业大学肖传斌教授审稿。

希望《动物解剖与组织胚胎学实验指导》能在"动物解剖与组织胚胎学"课程的实验教学过程中发挥积极作用。

尽管本教材在众多教师的努力下，进行了大胆的改进和创新，但由于水平所限，错误和不足之处在所难免，恳请各位同仁和读者不吝指正。

作者

2023 年 8 月

目　　录

实验一　基 本 组 织

一、目的与要求

1. 掌握上皮组织、结缔组织、血液、肌肉组织、神经组织的一般结构和机能特点。
2. 熟悉不同类型组织的分布规律。

二、实验内容与实验方法

(一)上皮组织

上皮组织(epithelial tissue),由紧密排列的上皮细胞(epithelial cell)和少量的细胞间质(intercellular substance)构成。根据其形态结构、分布部位和生理机能的不同,可分为:被覆上皮(covering epithelium)、腺上皮(glandular epithelium)和感觉上皮(sensory epithelium)等。

1. *单层立方上皮*(猪肾切片,HE染色)　肾可分为周边的皮质和内部的髓质。低倍镜下找到染色较淡的髓质,可见髓质有大量肾小管的不同切面。挑选纵切或横切的肾小管移至视野中央,转换高倍镜观察。

高倍镜下,可见肾小管由单层立方上皮(simple cuboidal epithelium)构成。立方上皮细胞紧密地排列在基膜上,胞核呈球形位于细胞的中央。在肾小管之间有较多的毛细血管(图1-1)。

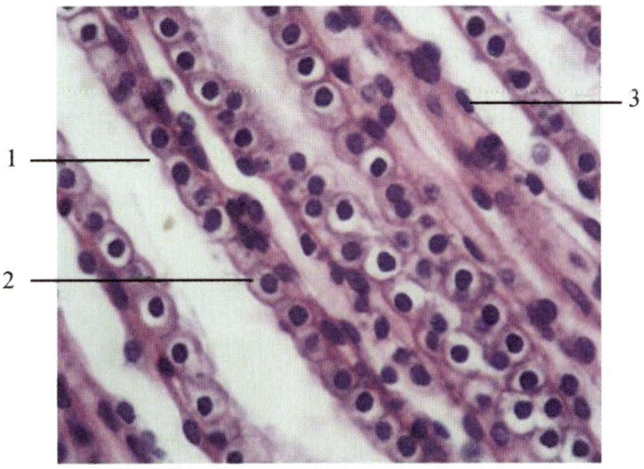

1. 肾小管(renal tubule)　2. 单层立方上皮(simple cuboidal epithelium)　3. 毛细血管(capillary)

图1-1　猪肾切片(HE,400×)

(余燕 供图)

2. *单层柱状上皮*(猪空肠切片,HE染色)　低倍镜下找到空肠的腔面,可见有许多指状的突起,这些突起叫肠绒毛。肠绒毛表面为单层柱状上皮。选择一个典型部位移至视野中央,转换高倍镜观察。

高倍镜下,可见单层柱状上皮(simple columnar epithelium)由一层紧密而整齐的柱状细胞排列在基膜上而构成,在柱状细胞之间夹杂有少量呈高脚酒杯状的杯状细胞。柱状细胞的胞核呈椭圆形,位于细胞的中央。杯状细胞的胞核呈三角形或扁圆形,位于细胞底部,胞质内充满黏原颗粒。在上皮的游离端有一层深红色的结构,即为纹状缘(图 1-2)。

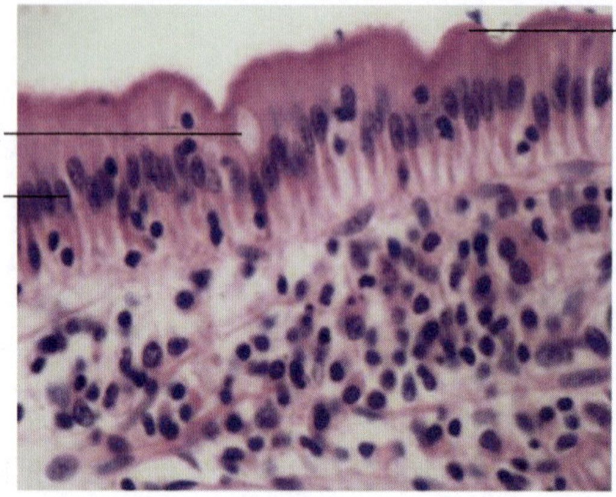

1. 杯状细胞(goblet cell) 2. 柱状细胞(columnar cells) 3. 纹状缘(striated border)

图 1-2 猪空肠切片(HE,400×)

(余燕 供图)

3. *假复层纤毛柱状上皮*(山羊气管切片,HE 染色) 低倍镜下找到气管的腔面,可见黏膜的表层为假复层纤毛柱状上皮(pseudostratified ciliated columnar epithelium),由高低不一、形态多样的细胞紧密排列在基膜上而构成。细胞核排列在不同的水平面上,从而构成了复层的外观。选择一个切得较垂直的部位,转换高倍镜观察。

高倍镜下,可见柱状细胞数量较多,游离端较宽,到达腔面,表面有大量纤毛,胞核呈卵圆形,位于细胞较粗的部位。杯状细胞位于柱状细胞之间,呈高脚酒杯状,顶端无纤毛,胞质弱嗜碱性,着色较淡,胞核呈新月状,位于细胞底部。基底细胞位于基底部,细胞轮廓不清晰,核呈圆形,位于细胞的中央,游离端不达腔面(图 1-3)。

4. *复层扁平上皮*(猪食管切片,HE 染色) 低倍镜下找到食管的腔面,可见黏膜的表层为复层扁平上皮(stratified squamous epithelium),细胞层层重叠,可达十几层至数十层。选择一个清晰的部分,转换高倍镜观察。

高倍镜下,可见与基膜相连的基底层是低柱状细胞,细胞具有球形的细胞核,细胞较幼稚,具有旺盛的分裂能力。中间层由数层排列极不整齐的多角形细胞构成,它们的胞核由球形逐渐变为扁平形;表层由数层扁平细胞构成,胞核固缩或消失(图 1-4)。

5. *变移上皮*(兔膀胱切片,HE 染色) 低倍镜下找到膀胱壁,可见变移上皮细胞层数较多,可分为表层细胞、中间层细胞和基底细胞。选择一个清晰的部分,转换高倍镜观察。

高倍镜下,可见表层的细胞大,是盖细胞;中间层细胞为多边形,有些呈倒置的梨形;基底细胞为矮柱状或立方形(图 1-5)。变移上皮的特点是细胞形态和层数可随器官的收缩与舒张状态而改变。

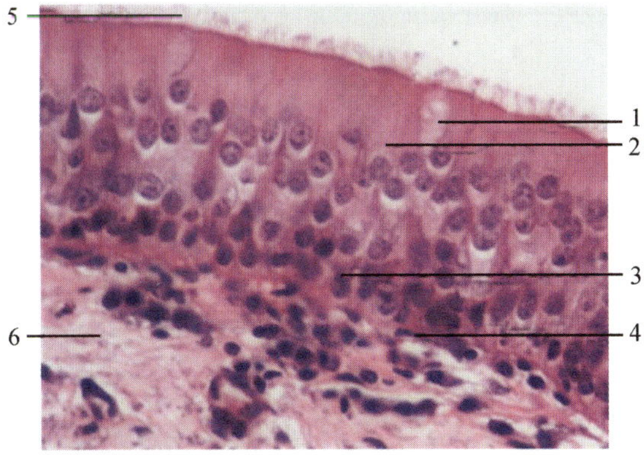

1. 杯状细胞(goblet cell)　2. 柱状细胞(columnar cells)
3. 锥形细胞(cone cell)　4. 基膜(basement membrane)
5. 纤毛(cilia)　6. 固有膜(lamina propria)

图 1-3　山羊气管切片(HE,400×)

(余燕 供图)

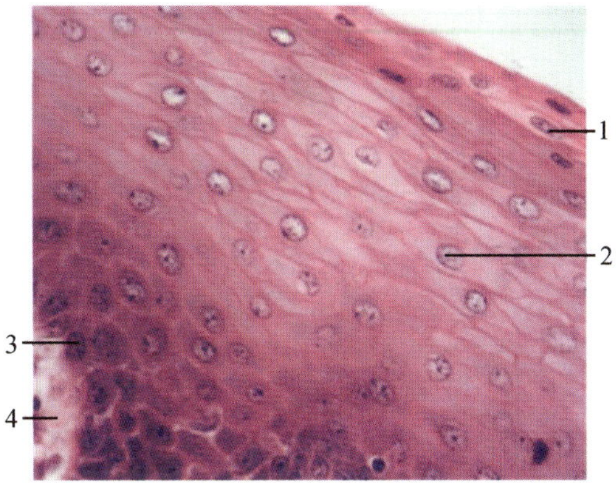

1. 扁平细胞(squamous cell)　2. 棘细胞层(stratum spinosum)　3. 基底层(stratum basale)
4. 固有膜(lamina propria)

图 1-4　猪食管切片(HE,400×)

(余燕 供图)

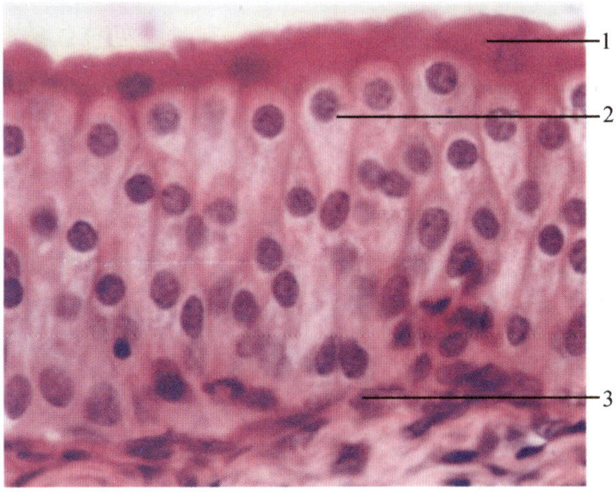

1. 壳层(ostracum)　2. 盖细胞(tectorial cell)　3. 固有膜(lamina propria)

图 1-5　兔膀胱切片(收缩状态)(HE,400×)

(余燕 供图)

(二)固有结缔组织

结缔组织根据形态结构的不同,可分为固有结缔组织、软骨组织、骨组织和血液。固有结缔组织(connective tissue proper)又分为疏松结缔组织(loose connective tissue)、脂肪组织(adipose tissue)、网状组织(reticular tissue)和致密结缔组织(dense connective tissue)4 大类。

1. 疏松结缔组织(鼠肠系膜铺片,Mallory 氏染色)　低倍镜下,可见胶原纤维呈带状,着色淡;弹性纤维细,着色较深。转换高倍镜观察(图 1-6)。

(1)成纤维细胞(fibroblast)　数量较多,个体较大,呈扁平的长梭形,胞质着色极浅,轮廓

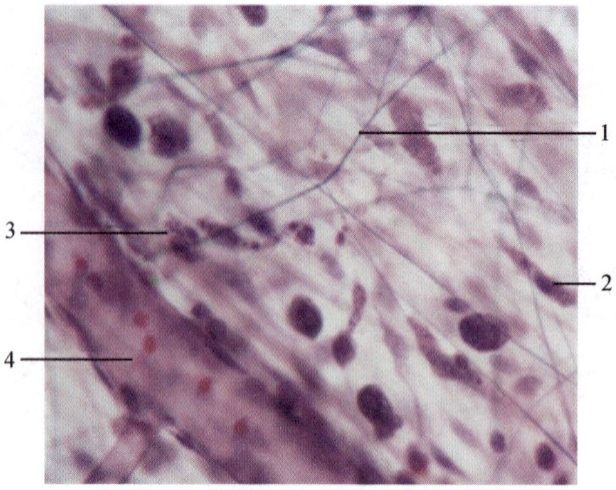

1. 弹性纤维(elastic fiber) 2. 成纤维细胞(fibroblast)
3. 巨噬细胞(macrophage) 4. 毛细血管(capillary)

图 1-6 鼠肠系膜铺片(Mallory 氏染色,1 000×)

(余燕 供图)

不清。胞核大,呈长椭圆形,富含常染色质,着色较淡,有时可见核仁。

(2)巨噬细胞(macrophage) 数量少,个体最大,形态不定,胞质着色较淡,胞质内常含有大小不等,深、浅各异的吞噬颗粒,胞核常被挤向一侧。胞核呈球形或卵圆形,着色稍深。

(3)肥大细胞(mast cell) 数量稍多,个体大小不等,形态多样,可呈球形、椭圆形等。胞质内充满大小一致的异染性颗粒。胞核小,呈球形,着色较深,多位于细胞的中央。

(4)浆细胞(plasma cell) 数量较少,个体中等大小。胞质弱嗜碱性,胞核的异染色质呈条索状,以核仁为中心呈放射状排列,形成"车轮状"外观。在小肠的固有膜内常见有大量的浆细胞。

(5)脂肪细胞(fat cell) 呈指环状,数量少,有时不易看到。

2. 脂肪组织(猪肾切片,HE 染色) 低倍镜下找到肾门。位于肾门处的为肾盂外膜。将该部置于低倍镜下观察,可看到呈蜂窝状的脂肪组织(adipose tissue)(图 1-7)。脂肪组织由许多脂肪细胞构成,脂肪细胞内含大量脂滴,胞质和胞核被挤向细胞的一侧。制作切片时脂质被二甲苯所溶解,故脂肪细胞呈空泡状。

3. 网状组织(绵羊淋巴结切片,镀银染色) 低倍镜下找到髓质,可看到染成黑褐色的网状纤维和许多细胞。转换高倍镜观察。

高倍镜下,可见胞核小而圆的为淋巴细胞;网状细胞呈星形,个体大、胞质丰富,胞核位于细胞的中央。网状细胞产生网状纤维。网状细胞和网状纤维交织在一起,形成网状组织(reticular tissue),构成淋巴结的网状结缔组织支架(图 1-8)。

4. 致密结缔组织(鼠尾腱切片,HE 染色) 低倍镜下找到标本,可见染色深的部分为纵断面;染色淡的为横断面。转换高倍镜观察。

在纵切面上,可见鼠尾腱由大量排列紧密的胶原纤维束和位于束间成行排列的成纤维细胞构成。成纤维细胞又称腱细胞,呈长条状,位于胶原纤维束之间。

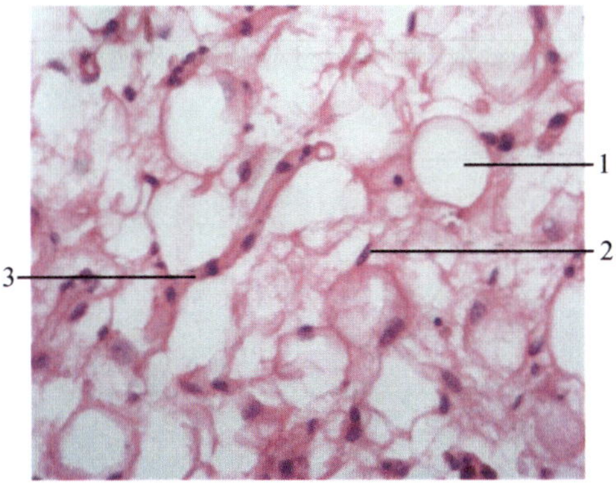

1. 脂肪细胞(adipose cell)　2. 成纤维细胞(fibroblast)　3. 毛细血管(capillary)

图 1-7　猪肾切片(HE,100×)

(余燕 供图)

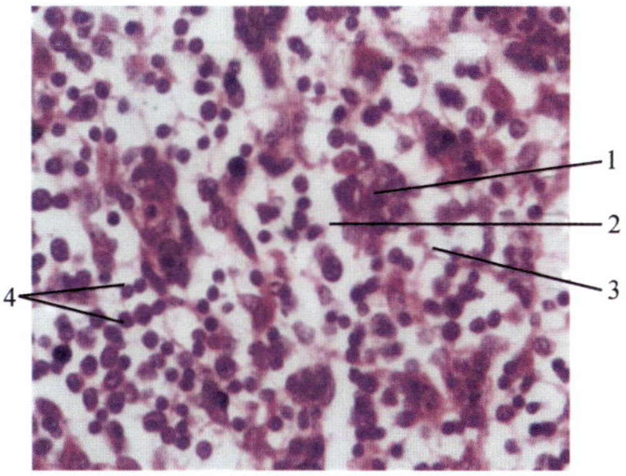

1. 髓索(medullary cord)　2. 髓窦(medullary sinus)　3. 网状细胞(reticular cell)　4. 淋巴细胞(lymphocyte)

图 1-8　绵羊淋巴结切片(HE,400×)

(余燕 供图)

在横断面上,可见许多呈不规则圆形的胶原纤维束排列在一起。在腱的外面包有由疏松结缔组织构成的腱膜,腱膜分出结缔组织伸入腱内包围腱束,形成腱束膜。在腱束内可以看到许多呈星形的腱细胞,它们的胞突穿行于胶原纤维之间,并与相邻的腱细胞突起相连(图 1-9)。

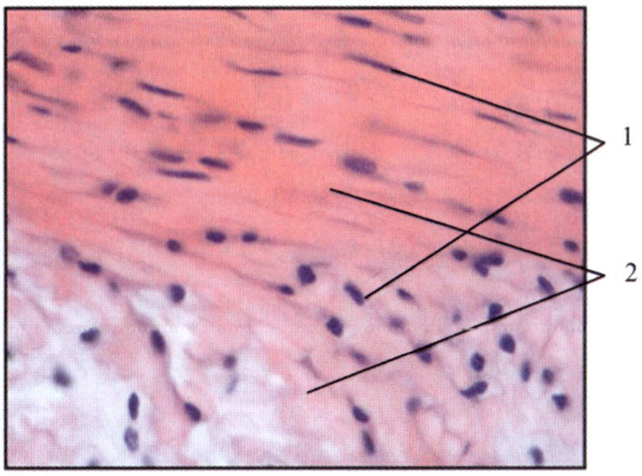

1. 腱细胞(tendon cell)　2. 胶原纤维(collagenous fiber)

图 1-9　鼠尾腱切片(HE,100×)

(余燕 供图)

(三)血液

血液(blood)是液态的结缔组织,循环于心血管系统。血液由血细胞、血小板和血浆组成。

1. 哺乳动物血液(猪血液涂片,Giemsa 氏染色)　高倍镜下,找到白细胞分布较多的部分移至视野中央,向载玻片上滴加香柏油一滴,以逆时针方向将油镜转入工作位置。在一个视野中不可能看见各种血细胞,可移动推进器进行寻找(图 1-10)。

(1)红细胞(erythrocyte)　数目最多,胞体较小,无胞核。单个红细胞呈双面凹的圆盘状,染成淡红色。边缘较厚,着色较深;中央较薄,着色较淡。

(2)白细胞(leukocyte)　数量较少,但胞体较红细胞大,呈球形,有胞核。根据胞质内有

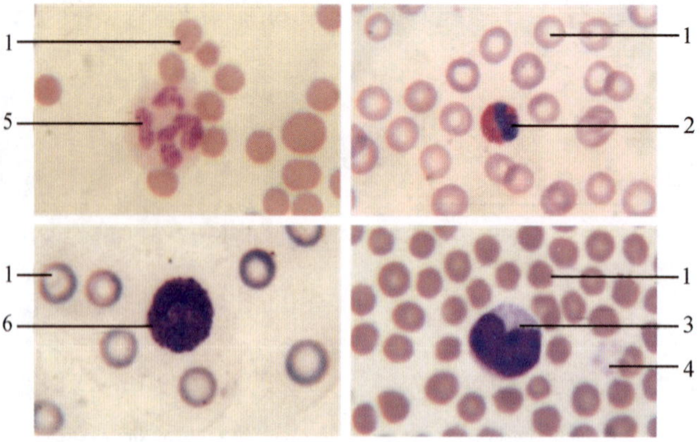

1. 红细胞(erythrocyte) 2. 嗜酸性粒细胞(acidophilic granulocyte) 3. 单核细胞(monocyte) 4. 血小板(blood platelet) 5. 嗜中性粒细胞(neutrophilic granulocyte) 6. 嗜碱性粒细胞(basophilic granulocyte)

图 1-10 猪血液涂片(Giemsa 氏染色,1 000×)

(余燕 供图)

无特殊胞质颗粒,可分为有粒白细胞和无粒白细胞 2 类。

嗜中性粒细胞(neutrophilic granulocyte) 在 3 种粒细胞中,为数目最多的一种。胞质染色较淡,内含橘黄色嗜中性颗粒。核呈马蹄形、"S"形和分叶状。分核叶,各核叶之间有核丝相连。

嗜酸性粒细胞(acidophilic granulocyte) 数目较少,胞体比嗜中性粒细胞略大,胞质中均匀分布有粗大的嗜酸性颗粒,核多分为 2～4 叶,胞核常被嗜酸性颗粒所覆盖。

嗜碱性粒细胞(basophilic granulocyte) 数目最少,大小与嗜酸性粒细胞相似。胞质中均匀地分布着染为蓝紫色的嗜碱性颗粒,胞核多呈"S"形或分叶状。

单核细胞(monocyte) 数目较少,它是血细胞中个体最大的细胞。常呈椭圆形,胞质丰富,胞核大,呈马蹄形或肾形。

淋巴细胞(lymphocyte) 根据个体的大小,可分为大、中、小 3 种。大淋巴细胞和中淋巴细胞的数量较少,而小淋巴细胞较多。小淋巴细胞胞核较大,常呈豆形,占据细胞的绝大部分。胞质很少,染成天蓝色,核周围的胞质常有淡染晕。

(3)血小板(blood platelet) 形态不规则,个体小,无胞核,染为紫红色,其内含有嗜碱性小颗粒,常 3～5 个成群地分布于红细胞之间。

2. 禽类血液(鸡血液涂片,Giemsa 氏染色)

(1)红细胞(erythrocyte) 呈椭圆形,胞质染成红色。胞核呈椭圆形位于细胞的中央。

(2)白细胞(leukocyte) 数量较少,但胞体较红细胞大,呈球形。

异嗜性粒细胞(heterophil) 数量较多,胞质内含有竹叶状的异嗜性颗粒,染成淡紫红色。胞核多分为两叶,两叶之间以核丝相连。

嗜酸性粒细胞(acidophilic granulocyte) 数量少,胞质中含有粗大的嗜酸性颗粒。

嗜碱性粒细胞(basophilic granulocyte) 数量少,胞质中含有蓝紫色的嗜碱性颗粒(图 1-11)。

单核细胞(monocyte) 较大,胞质弱嗜碱性。胞核呈豆形,位于细胞的偏心位置。

淋巴细胞(lymphocyte) 数量较多,多为中、小淋巴细胞,大淋巴细胞较少见。胞核较大,

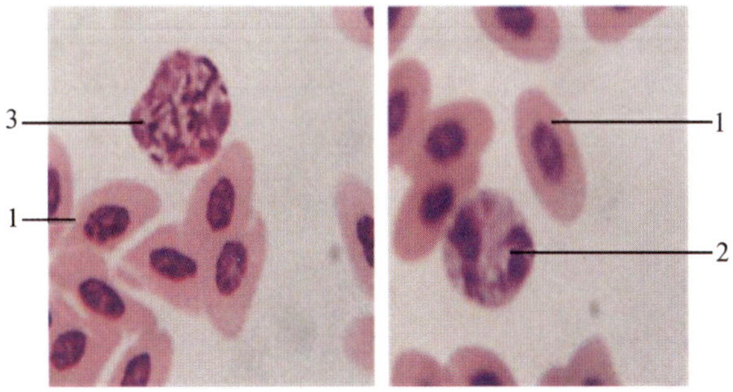

1. 红细胞(erythrocyte)　2. 异嗜性粒细胞(heterophil)　3. 嗜碱性粒细胞(basophilic granulocyte)

图 1-11　鸡血液涂片(Giemsa 氏染色,1 000×)

(余燕 供图)

位于细胞的中央。胞质弱嗜碱性,染为淡蓝色,在细胞的表面常见有数个胞质突。

凝血细胞(thrombocyte)　形态与红细胞相似,也具有细胞核。但个体较小,胞质染成淡蓝色,胞质内含有数个颗粒。胞核呈椭圆形,染成深蓝紫色,位于细胞的中央。凝血细胞在血液涂片上常 3～5 个成群地聚集在一起。

(四)肌肉组织

肌肉组织(muscle tissue)是由特殊的肌细胞(muscle cell)构成。肌细胞细而长,呈纤维状,故又称肌纤维(muscle fiber)。根据肌纤维的形态、结构和机能的不同,可将肌组织分为平滑肌(smooth muscle)、骨骼肌(skeletal muscle)和心肌(cardiac muscle)3 种类型。

1. 骨骼肌(兔舌切片,HE 染色)　低倍镜下找到标本。可见骨骼肌纤维(skeletal muscle fiber)集合成束,各肌束间均有疏松结缔组织构成的肌束膜相隔,肌束膜再分出结缔组织包绕每一条肌纤维而构成肌内膜。选择染色均匀的部分,移至视野中央。向盖玻片上滴加香柏油一滴,以逆时针方向将油浸物镜转入工作位置。油镜下,可见单条的肌纤维呈长带状,有明暗相间排列的横纹,即明带和暗带。

明带(light band):染色浅,在明带的中央有一条极细的深染线,此即"Z" 线。

在肌原纤维上,相邻两条"Z"线之间的一段,称为肌节,它是骨骼肌纤维结构和功能的一个基本单位。

暗带(dark band):染色较深,在暗带的中央可见有较亮的一条带,此为"H" 带;在"H"带的中央还可看到一条横行的细线,此为"M"线。

肌细胞核呈长椭圆形,染色较深,一条肌纤维有许多胞核,它们都位于肌细胞膜内侧,而不位于细胞的中央(图 1-12)。

2. 心肌(猪心室壁切片,HE 染色)　低倍镜下找到标本,可见切片中的心肌纤维(cardiac muscle fiber)有纵、横、斜三种不同的断面,转换高倍镜进行观察(注意心肌与骨骼肌的异同点)(图 1-13)。

(1)纵断面　在标本中,纵切的心肌纤维呈圆柱状,常有分支相互联结成网。胞核大,呈椭圆形,位于细胞的中央,有时可见有双核。心肌纤维也具有明暗相间排列的横纹,但不如骨骼肌的横纹明显。心肌纤维彼此连接处有一深染的粗线,此为闰盘(intercalated disc)。

(2)横断面　心肌纤维的横断面呈不规则的圆形,球形的胞核位于细胞中央,胞核周围的

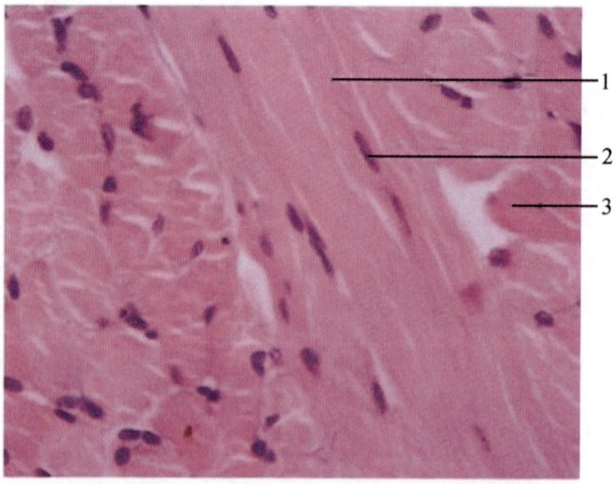

1. 骨骼肌纤维(skeletal muscle fiber)(纵切) 2. 细胞核(nucleus) 3. 骨骼肌纤维(skeletal muscle fiber)(横切)

图 1-12 兔舌切片(HE,400×)

(余燕 供图)

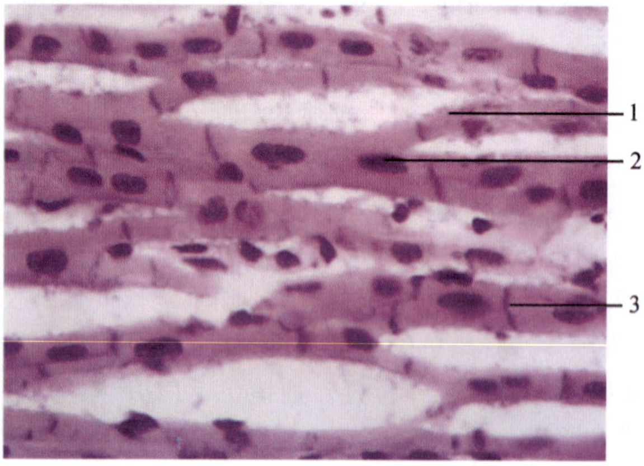

1. 心肌纤维(cardiac muscle fiber)(示:分支) 2. 细胞核(nucleus) 3. 闰盘(intercalated disc)

图 1-13 猪心室壁切片(HE,400×)

(余燕 供图)

肌丝较少,着色较淡。有许多肌纤维切于两端,而不见胞核。

(3)斜断面 其形态特点介于纵、横断面。有的玻片标本中,在心肌纤维之间,还可见到一些个体大、染色较淡、形态不规则的浦肯野纤维(Purkinje fiber)。

3. 平滑肌(猪空肠横切,HE 染色) 低倍镜下,可见有突起(肠绒毛)的一面为腔面,从腔面向外依次为黏膜层、黏膜下层、肌层和浆膜。将肌层转入视野中央,转换高倍镜观察。

高倍镜下,可见肌层又分为内环、外纵两层。内环形肌呈纵切面,平滑肌纤维(smooth muscle fiber)呈长梭形,两端尖细,中央较粗,胞核位于中央较粗的部分。外纵行肌呈横断面,过胞核的切面,肌纤维则较粗;不过胞核的肌纤维较细,呈点状(图 1-14)。

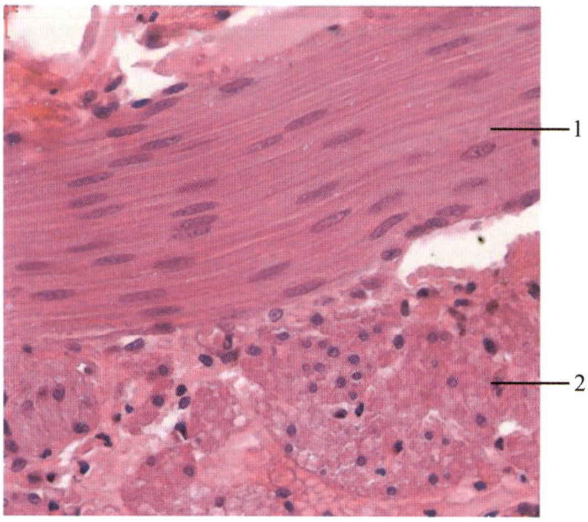

1. 平滑肌（smooth muscle）纵切　2. 平滑肌（smooth muscle）横切

图 1-14　猪空肠横切（HE，400×）

（余燕 供图）

（五）神经组织

1. 多极神经元（猪脊髓横切片，HE 染色）　低倍镜下，对脊膜、脊髓白质、灰质、背正中隔、腹正中裂和脊髓中央管等结构进行全面观察，形成一个完整的概念后，转换高倍镜进行观察（图 1-15）。

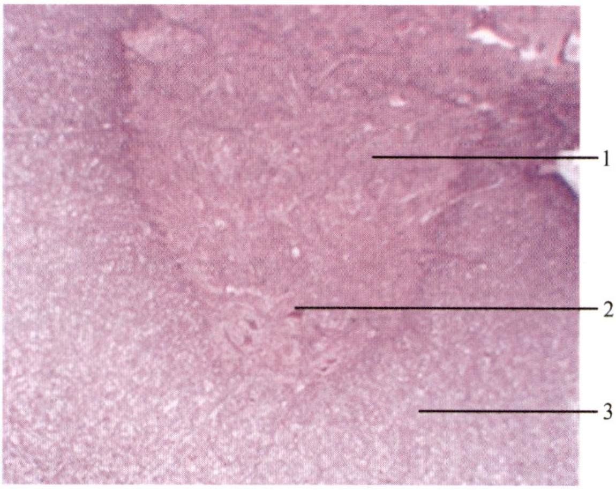

1. 灰质（gray matter）　2. 多极神经元（neuron）　3. 白质（white matter）

图 1-15　猪脊髓横切片（HE，40×）

（余燕 供图）

（1）灰质（gray matter）　呈蝶翼状，背角细而长，其内含有比较小的柱状细胞。腹角较大而钝圆，内含个体较大的多极神经元（multipolar neuron）。侧角内的神经元个体中等，为多极神经元。

（2）白质（white matter）　主要由大量横断的神经纤维、少量放射状纤维和神经胶质细胞构成。背角与腹角将其分为背索、腹索和侧索。

2. 伪单极神经元(猪脊神经节切片,HE 染色) 低倍镜下,找到位于脊髓两侧的脊神经节。转换高倍镜进行观察,脊神经节表面包有淡红色的结缔组织被膜,神经节内的伪单极神经元(pseudounipolar neuron)的胞体呈球形,大小不一。每一个神经元胞体的周围都有一层扁平的卫星细胞形成的被囊。在神经元胞体之间有被横切或被斜切的有髓神经纤维(图 1-16)。

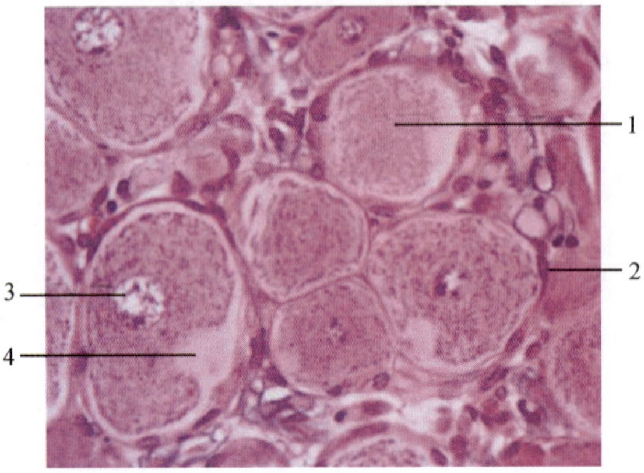

1. 伪单极神经元(pseudounipolar neuron) 2. 卫星细胞(satellite cell) 3. 细胞核(nucleus) 4. 轴丘(axon hillock)

图 1-16 猪脊神经节切片(HE,400×)

(余燕 供图)

3. 神经纤维(绵羊正中神经切片,HE 染色) 低倍镜下,找到呈条索状平行排列的神经纤维(nerve fiber),转换高倍镜进行观察(图 1-17、图 1-18)。

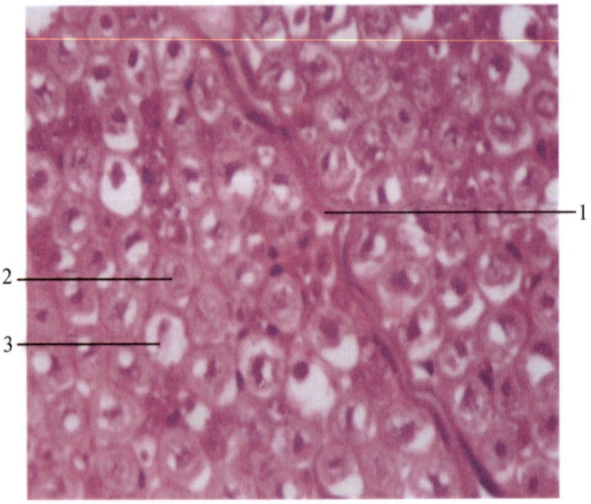

1. 神经束膜(perineurium) 2. 无髓神经纤维(nonmyelinated nerve fiber)
3. 有髓神经纤维(myelinated nerve fiber)

图 1-17 绵羊正中神经横切片(HE,400×)

(余燕 供图)

(1)有髓神经纤维(myelinated nerve fiber) 中央是轴索,包围在轴索周围的是髓鞘,呈

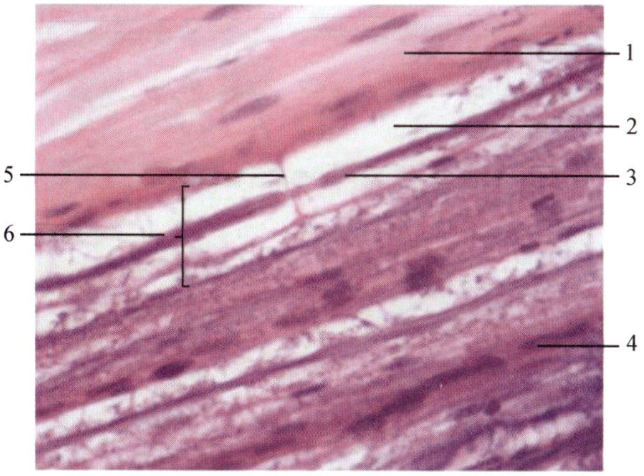

1.神经束膜(perineurium) 2.髓鞘(myelin sheath) 3.轴索(axon)
4.无髓神经纤维(nonmyelinated nerve fiber) 5.郎飞结(Ranvier node)
6.有髓神经纤维(myelinated nerve fiber)

图 1-18 绵羊正中神经纵切片(HE,400×)

(余燕 供图)

淡紫色的网状。在髓鞘的外面为施万鞘。沿着有髓神经纤维的长轴移动标本,可见神经纤维上的缢痕,即郎飞结,该处只有施万鞘而无髓鞘,故染色较淡。

(2)无髓神经纤维(nonmyelinated nerve fiber) 比有髓神经纤维细得多,仅由轴索和施万鞘构成。呈极细的线状,整条纤维呈红色,在神经纤维的不同距离上可以看到施万细胞的胞核。

三、作业

1.绘制高倍镜下小肠绒毛的一部分。
2.绘制高倍镜下肠系膜的一部分。
3.绘制高倍镜下骨骼肌、心肌、平滑肌各一部分。

实验二　运动系统

一、目的与要求

1.了解骨的形态和基本结构。

2.掌握动物全身骨和关节的名称。

3.认识重要骨器官表面上的特征性构造。

4.对比了解不同动物同名骨之间的差异。

5.掌握动物全身主要浅层肌肉的名称。

6.识别动物全身主要浅层肌肉的位置和形态。

二、实验内容与实验方法

(一)实验材料

1.牛、马、猪、羊和犬的全身骨架。

2.零散的躯干骨。

3.脊柱、胸廓连结的标本或模型。

4.牛的头骨(一侧着色显示各骨界限)。

5.马、猪、羊和犬的头骨。

6.牛或马的下颌关节标本。

7.连结的和零散的牛或马的前肢骨。

8.牛、马、猪、羊和犬的全身骨架。

9.牛或马的前肢关节标本。

10.连结的和零散的牛或马的后肢骨。

11.牛或马的后肢关节标本。

12.牛、马、猪、羊和犬的全身肌肉标本。

13.牛、马、猪、羊和犬的肌肉模型。

(二)躯干骨及其连结

以牛或马的标本为主,观察下列内容并完成填空。

1.在整体骨架上观察脊柱和胸廓的各组成部分。

2.观察典型椎骨(腰椎)的各组成部分:椎体(椎头、椎窝)、椎弓(前关节突、后关节突)和突起(棘突、横突)。

3.以典型椎骨结构为基础,联系躯干各部的功能观察颈椎(寰椎、枢椎、第3~7颈椎)、胸廓(胸椎、肋、胸骨)、腰椎、荐椎和尾椎的构造特点。

4.观察脊柱的连结:椎间盘、共同韧带[棘上韧带(包括项韧带)、背纵韧带、腹纵韧带]、寰枕关节和寰枢关节。

5. 观察胸廓的连结：肋椎关节（肋头关节、肋横突关节）和肋胸关节。

6. 比较马（牛）、猪、羊和犬的躯干骨的数目和构造特点。

7. 请在图 2-1 至图 2-11 中标明各数字所代表的骨名称。

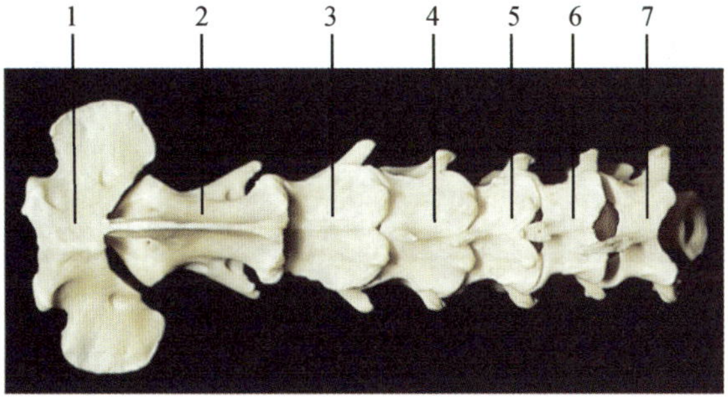

1. ________ 2. ________ 3. ________ 4. ________

5. ________ 6. ________ 7. ________

图 2-1　犬的颈椎背侧观

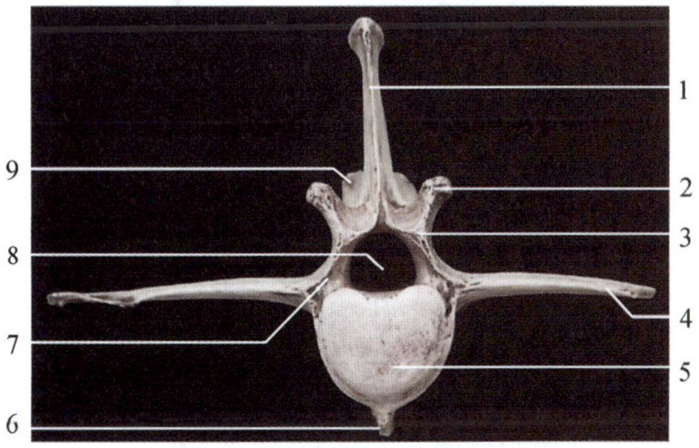

1. ________ 2. ________ 3. ________ 4. ________ 5. ________

6. ________ 7. ________ 8. ________ 9. ________

图 2-2　椎骨的基本构造（前面）

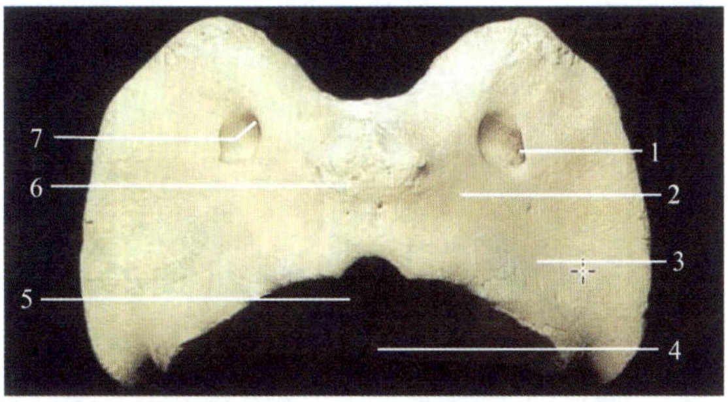

1. ________ 2. ________ 3. ________ 4. ________

5. ________ 6. ________ 7. ________

图 2-3　牛的寰椎

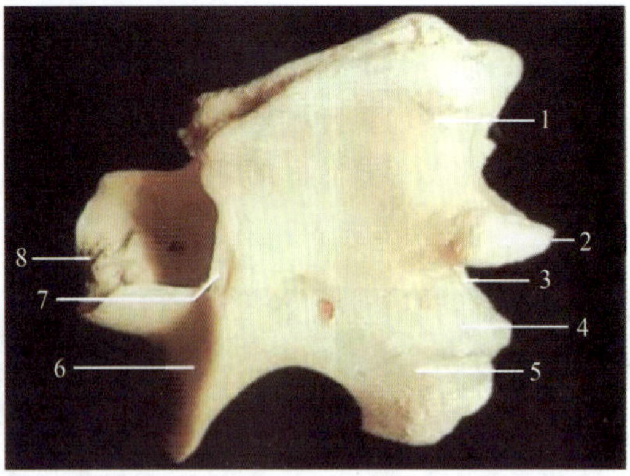

1. ________ 2. ________ 3. ________ 4. ________ 5. ________
6. ________ 7. ________ 8. ________

图 2-4 牛的枢椎

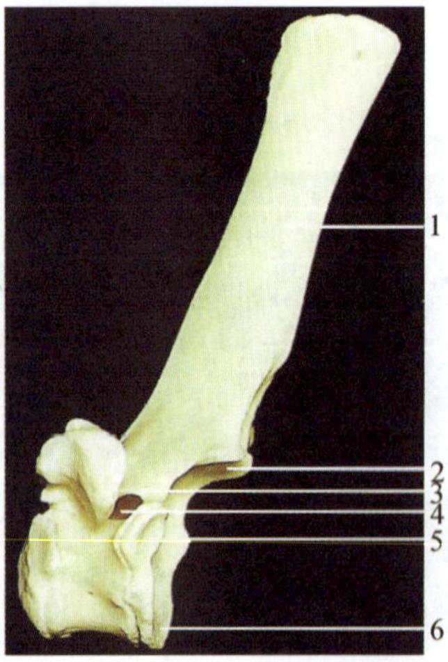

1. ________ 2. ________ 3. ________ 4. ________ 5. ________ 6. ________

图 2-5 牛的胸椎侧面观

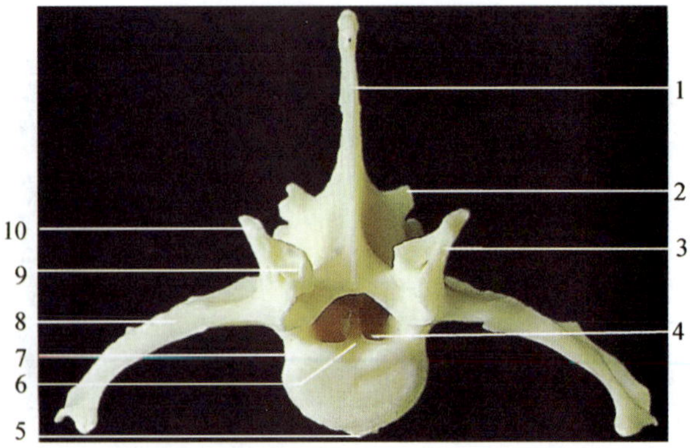

1. ________ 2. ________ 3. ________ 4. ________ 5. ________
6. ________ 7. ________ 8. ________ 9. ________ 10. ________

图 2-6 牛的腰椎前面观

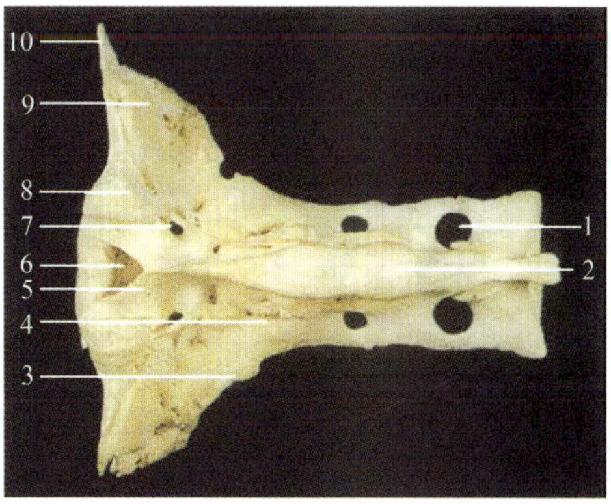

1.________ 2.________ 3.________ 4.________ 5.________
6.________ 7.________ 8.________ 9.________ 10.________

图 2-7　牛的荐骨背侧观

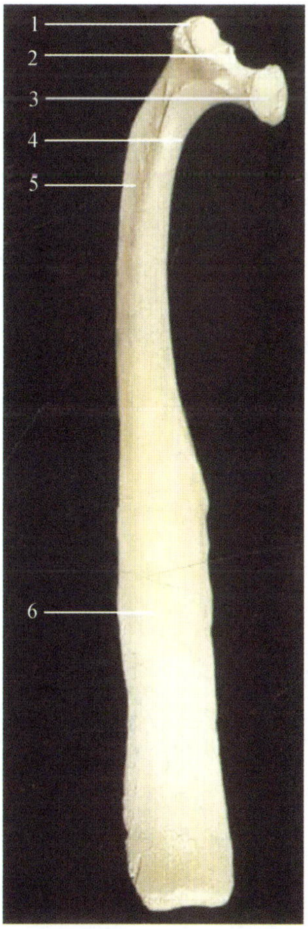

1.________ 2.________ 3.________ 4.________ 5.________ 6.________

图 2-8　牛的肋骨

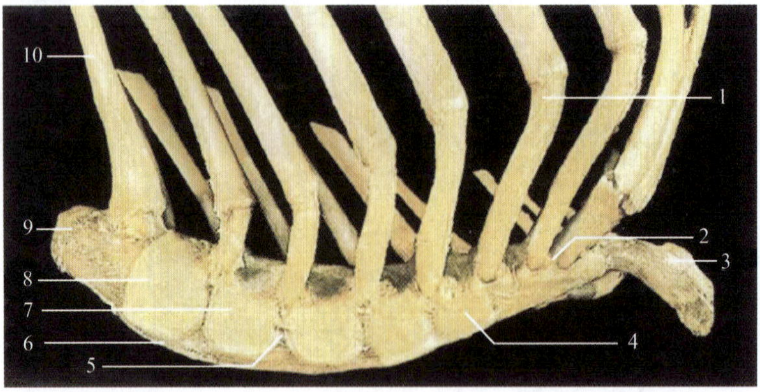

1. ____________ 2. ____________ 3. ____________ 4. ____________ 5. ____________
6. ____________ 7. ____________ 8. ____________ 9. ____________ 10. ____________

图 2-9 马的胸骨

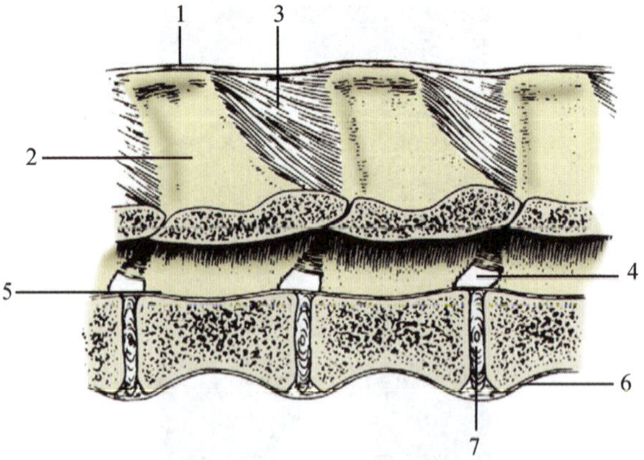

1. ____________ 2. ____________ 3. ____________ 4. ____________
5. ____________ 6. ____________ 7. ____________

图 2-10 胸腰椎的椎间连结

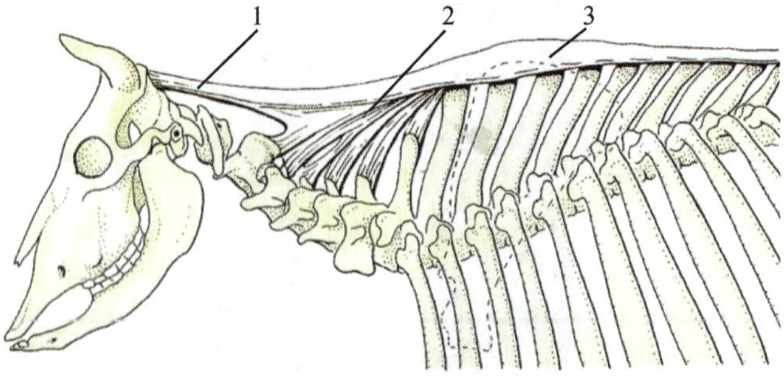

1. ____________ 2. ____________ 3. ____________

图 2-11 牛的项韧带和棘上韧带

(三)头骨及其连结

以牛或犬的头骨为标本,观察下列内容并完成填空。

1. 观察头骨总体的形态特点,并区分颅骨和面骨。

2. 颅骨:依次观察枕骨、蝶骨、顶骨、顶间骨、额骨、颞骨、筛骨的位置、毗邻和主要形态特征。

3. 面骨:依次观察鼻骨、切齿骨、上颌骨、泪骨、颧骨、鼻甲骨、腭骨、翼骨、犁骨、下颌骨和舌骨的位置、毗邻和主要形态特征。

4. 鼻旁窦:观察额窦和上颌窦的位置和表面投影。

5. 比较马(牛)、猪、羊和犬的头骨的主要特征,联系不同动物的生活方式,着重比较额骨的形态、大小以及有无角突;切齿骨有无切齿槽及齿槽数目;头骨的大小、组成以及下颌骨的发达程度等突出的特征。

6. 观察头骨的不动连结:大部分为缝隙连结,有的为软骨连结(枕骨和蝶骨的连结)。

7. 观察下颌关节的组成及运动方式。

8. 请在图 2-12 至图 2-19 中标明各数字所代表的骨名称。

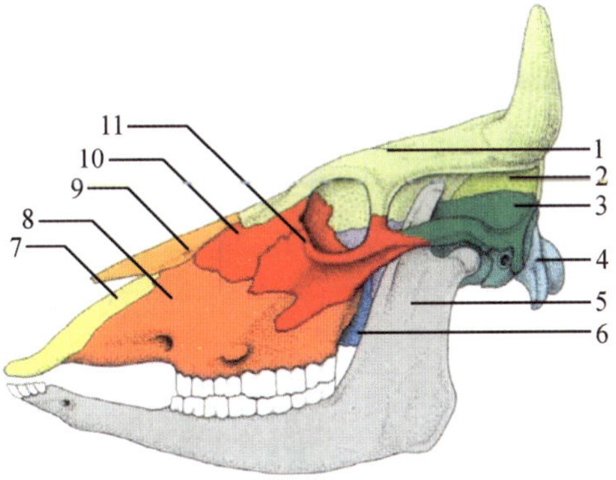

1. ________　2. ________　3. ________　4. ________　5. ________　6. ________

7. ________　8. ________　9. ________　10. ________　11. ________

图 2-12　牛头骨的侧面观

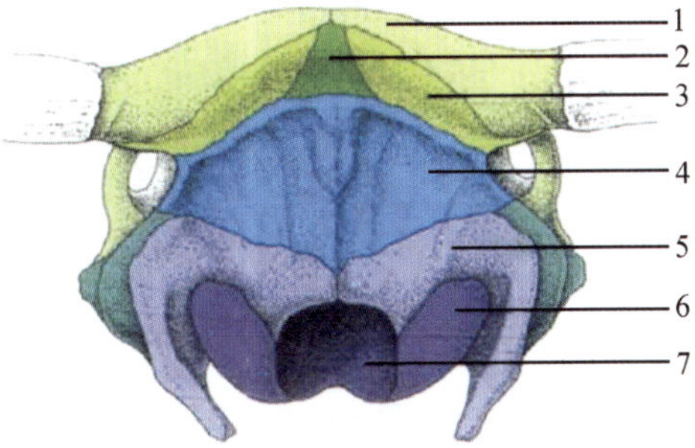

1. ________　2. ________　3. ________　4. ________

5. ________　6. ________　7. ________

图 2-13　牛头骨的项面观

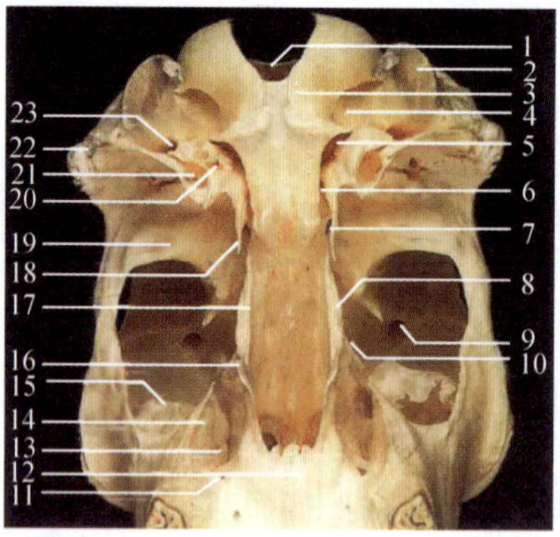

1. ____________ 2. ____________ 3. ____________ 4. ____________ 5. ____________ 6. ____________
7. ____________ 8. ____________ 9. ____________ 10. ____________ 11. ____________ 12. ____________
13. ____________ 14. ____________ 15. ____________ 16. ____________ 17. ____________ 18. ____________
19. ____________ 20. ____________ 21. ____________ 22. ____________ 23. ____________

图 2-14 牛头骨的腹侧面观

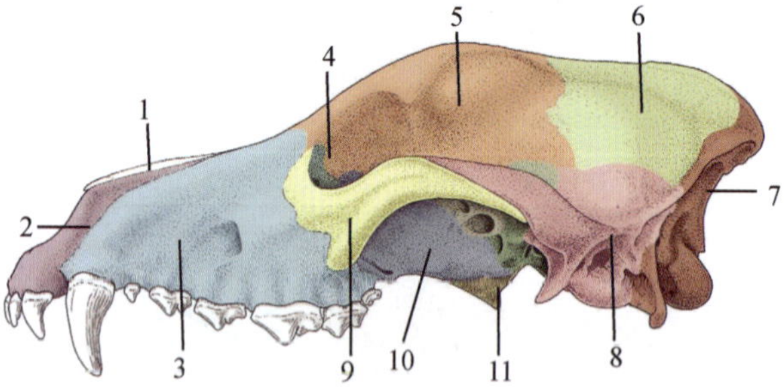

1. ____________ 2. ____________ 3. ____________ 4. ____________ 5. ____________ 6. ____________
7. ____________ 8. ____________ 9. ____________ 10. ____________ 11. ____________

图 2-15 犬头骨的侧面观

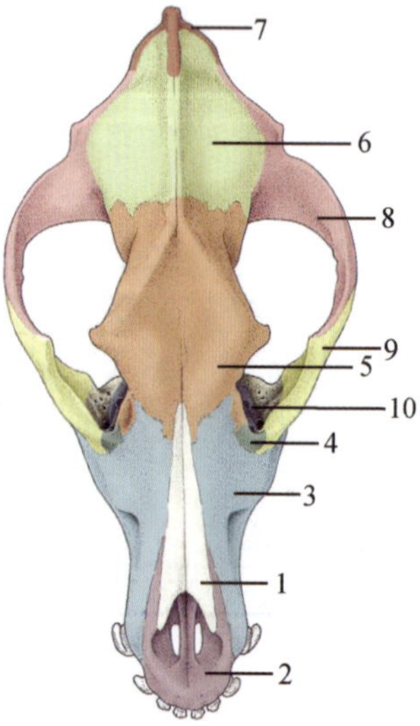

1. ____________ 2. ____________ 3. ____________ 4. ____________ 5. ____________
6. ____________ 7. ____________ 8. ____________ 9. ____________ 10. ____________

图 2-16 犬头骨的背侧观

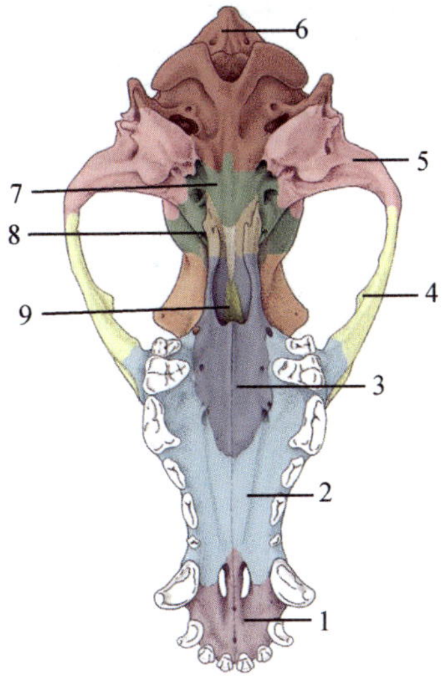

1. ____________　2. ____________　3. ____________　4. ____________　5. ____________

6. ____________　7. ____________　8. ____________　9. ____________

图 2-17　犬头骨的腹侧观

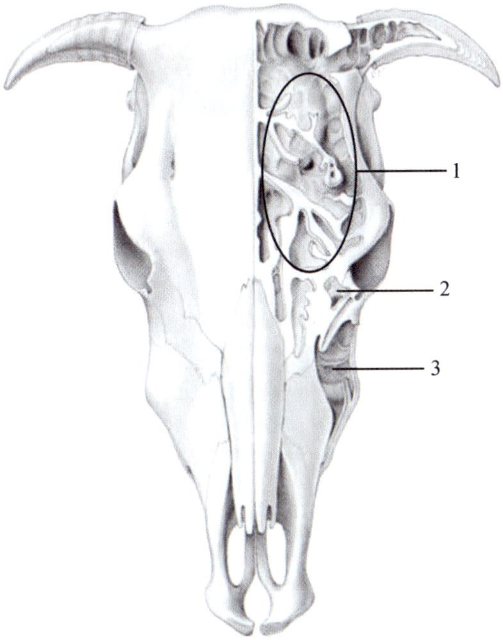

1. ____________　2. ____________　3. ____________

图 2-18　牛的额窦和上颌窦

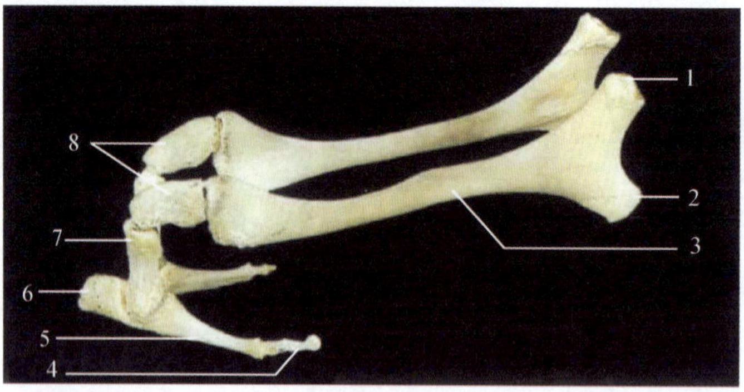

1. ________ 2. ________ 3. ________ 4. ________ 5. ________
6. ________ 7. ________ 8. ________

图 2-19 牛的舌骨

(四)前肢骨及其连结

1.在牛或马的前肢骨骨架上观察肩胛骨、肱骨、前臂骨(尺骨和桡骨)、腕骨、掌骨和指骨各骨的自然位置及其构成的肩关节、肘关节、腕关节和指关节,注意各关节的组成、关节角度及关节角顶方向。

2.依次观察牛或马组成前肢骨的形态、特点(近端、骨体、远端)。

3.比较马、牛、猪、羊和犬的前肢骨的形态特点,着重比较前脚骨的数目和排列。

4.观察牛或马前肢各关节的构造特点(关节面、关节囊、关节韧带)及运动形式。

5.请在图 2-20 至图 2-26 中标明各数字所代表的骨名称。

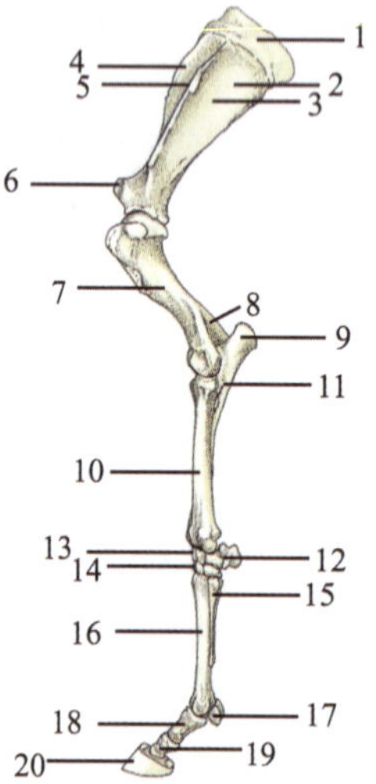

1. ________ 2. ________ 3. ________ 4. ________ 5. ________
6. ________ 7. ________ 8. ________ 9. ________ 10. ________
11. ________ 12. ________ 13. ________ 14. ________ 15. ________
16. ________ 17. ________ 18. ________ 19. ________ 20. ________

图 2-20 马的前肢骨(外侧)

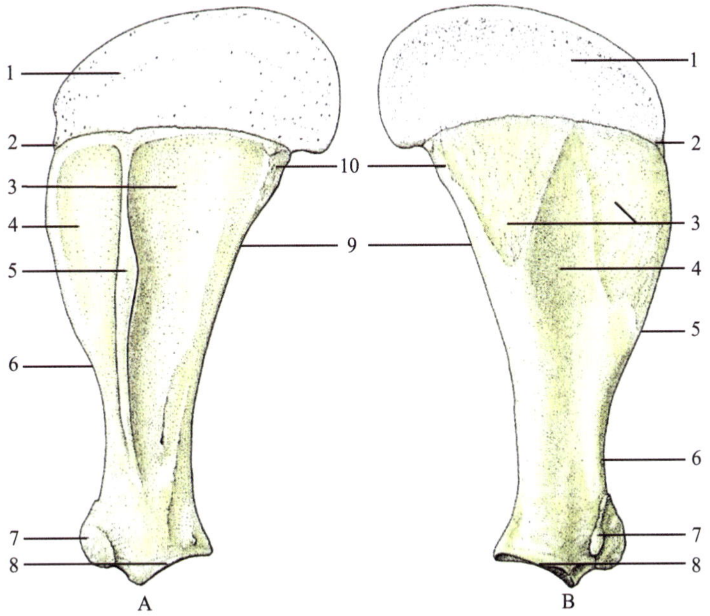

A. 外侧面 1. ____________ 2. ____________ 3. ____________ 4. ____________ 5. ____________
6. ____________ 7. ____________ 8. ____________ 9. ____________ 10. ____________

B. 内侧面 1. ____________ 2. ____________ 3. ____________ 4. ____________ 5. ____________
6. ____________ 7. ____________ 8. ____________ 9. ____________ 10. ____________

图 2-21 马的左肩胛骨

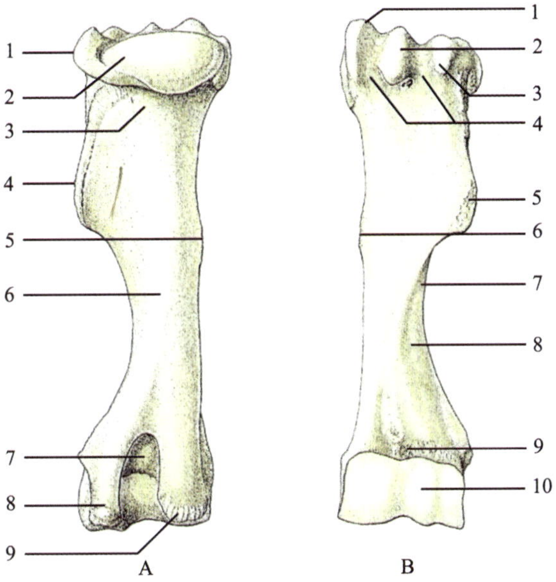

A. 后面 1. ____________ 2. ____________ 3. ____________ 4. ____________ 5. ____________
6. ____________ 7. ____________ 8. ____________ 9. ____________

B. 前面 1. ____________ 2. ____________ 3. ____________ 4. ____________ 5. ____________
6. ____________ 7. ____________ 8. ____________ 9. ____________ 10. ____________

图 2-22 马的左肱骨

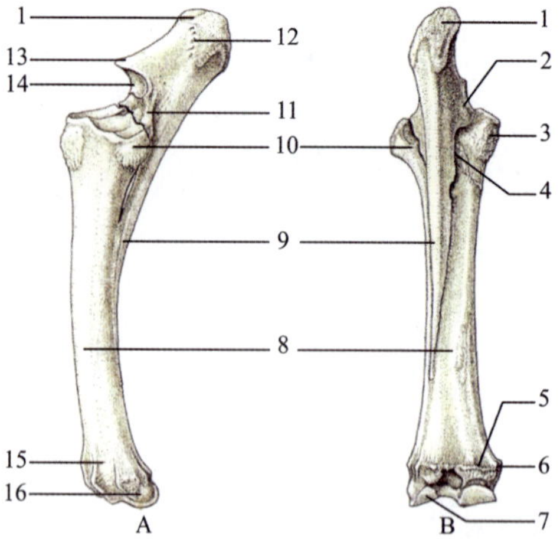

A. 外侧面 1. ________ 8. ________ 9. ________ 10. ________ 11. ________

12. ________ 13. ________ 14. ________ 15. ________ 16. ________

B. 内侧面 1. ________ 2. ________ 3. ________ 4. ________ 5. ________

6. ________ 7. ________ 8. ________ 9. ________ 10. ________

图 2-23　马的左尺骨和左桡骨

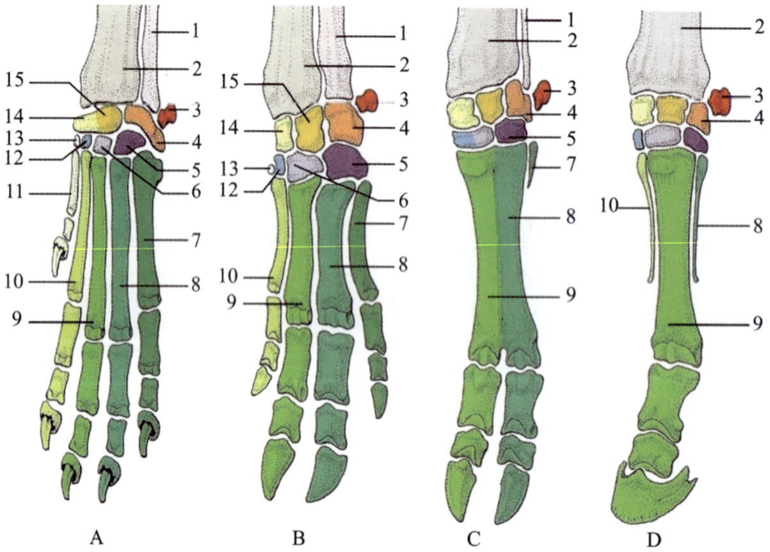

A. 犬 1. ________ 2. ________ 3. ________ 4. ________ 5. ________

6. ________ 7. ________ 8. ________ 9. ________ 10. ________ 11. ________

12. ________ 13. ________ 14. ________ 15. ________

B. 猪 1. ________ 2. ________ 3. ________ 4. ________ 5. ________

6. ________ 7. ________ 8. ________ 9. ________ 10. ________

12. ________ 13. ________ 14. ________ 15. ________

C. 牛 1. ________ 2. ________ 3. ________ 4. ________ 5. ________

7. ________ 8. ________ 9. ________

D. 马 2. ________ 3. ________ 4. ________ 8. ________ 9. ________ 10. ________

图 2-24　不同动物前脚骨示意图

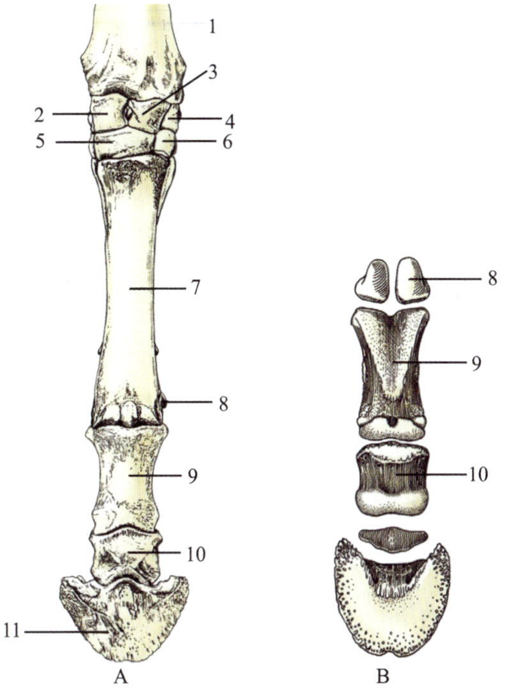

A. 背侧　1. ________　2. ________　3. ________　4. ________　5. ________
6. ________　7. ________　8. ________　9. ________　10. ________　11. ________
B. 掌侧　8. ________　9. ________　10. ________

图 2-25　马的前脚骨(左)

(五)后肢骨及其连结

1. 在牛或马的后肢骨骨架上观察髋骨(髂骨、坐骨、耻骨)、股骨、髌骨、小腿骨(胫骨和腓骨)、跗骨、跖骨和趾骨,注意各骨的自然位置,以及荐髂关节、髋关节、髌关节、跗关节和趾关节的组成、关节角度和方向。

2. 依次观察牛或马后肢各骨的形态特点(近端、骨体和远端)。

3. 比较马、牛、猪、羊和犬后肢各骨的特征,着重比较后脚骨的数目和排列。

4. 观察牛或马后肢各关节的构造特点(关节面、关节囊和关节韧带)及运动形式。

5. 请在图 2-27 至图 2-34 中标明各数字所代表的骨名称。

(六)全身浅层肌肉

以牛为例观察下列主要浅层肌肉。

1. 皮肌　为浅筋膜中的薄肌层,大部分贴附于皮肤的深面,可分为面皮肌、颈皮肌、肩臂皮肌和躯干皮肌 4 部分。牛、羊没有颈皮肌。犬的皮肌较为发达。皮肌有颤动皮肤、驱赶蚊蝇、抖落水滴和灰尘等作用。

2. 头部肌　咬肌位于下颌骨支的外侧面,起于颧弓和面嵴,止于下颌骨支的外侧面。两侧肌肉同时收缩,可上提下颌(闭口);交替收缩,可使下颌向左、右做侧向运动,以咀嚼食物。

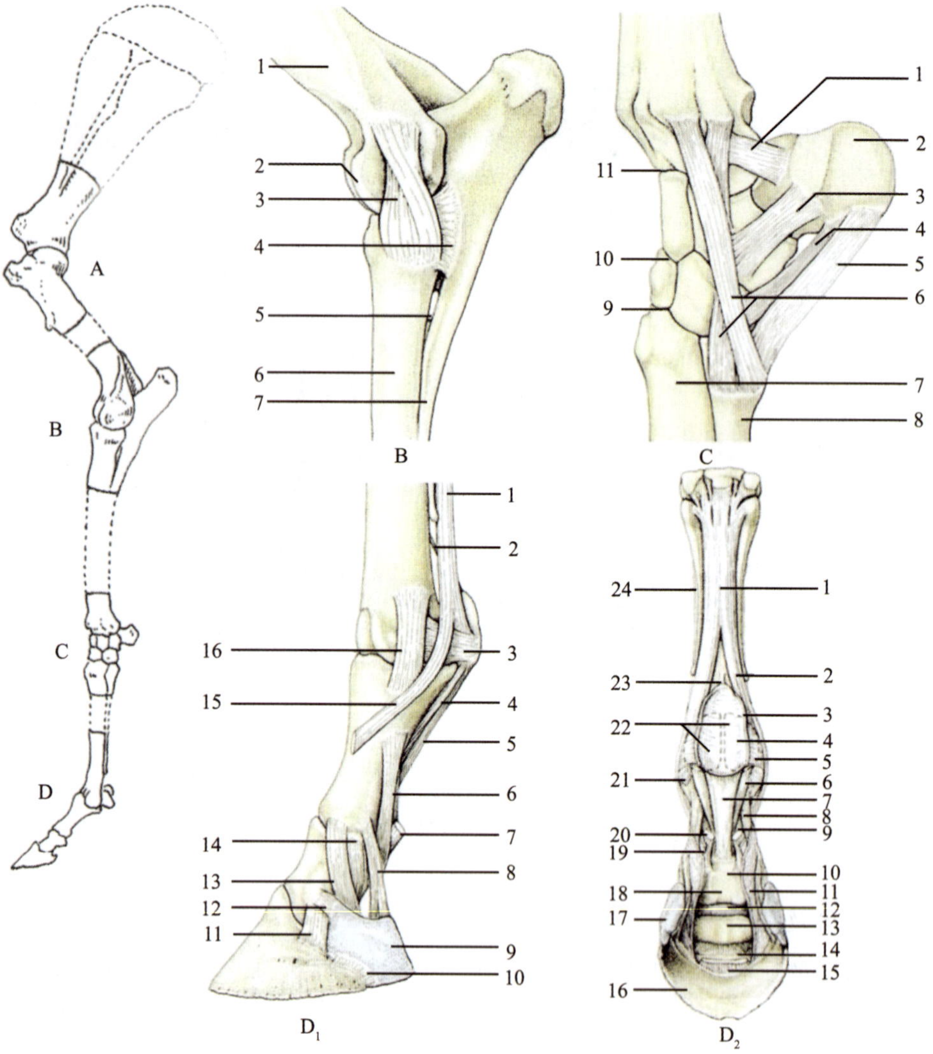

A. ______

B. ______ 1. ______ 2. ______ 3. ______ 4. ______ 5. ______

6. ______ 7. ______

C. ______ 1. ______ 2. ______ 3. ______ 4. ______ 5. ______

6. ______ 7. ______ 8. ______ 9. ______ 10. ______ 11. ______

D_1. ______ 1. ______ 2. ______ 3. ______ 4. ______ 5. ______

6. ______ 7. ______ 8. ______ 9. ______ 10. ______

11. ______ 12. ______ 13. ______ 14. ______ 15. ______ 16. ______

D_2. ______ 1. ______ 2. ______ 3. ______ 4. ______ 5. ______

6. ______ 7. ______ 8. ______ 9. ______ 10. ______

11. ______ 12. ______ 13. ______ 14. ______ 15. ______

16. ______ 17. ______ 18. ______ 19. ______ 20. ______

21. ______ 22. ______ 23. ______ 24. ______

图 2-26 前肢关节

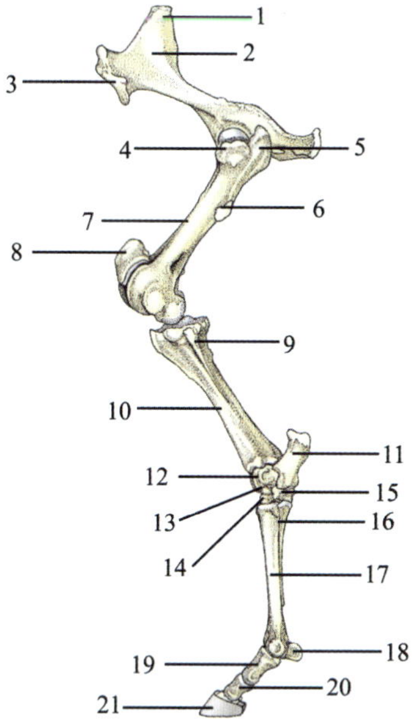

1. ____________ 2. ____________ 3. ____________ 4. ____________ 5. ____________

6. ____________ 7. ____________ 8. ____________ 9. ____________ 10. ____________

11. ____________ 12. ____________ 13. ____________ 14. ____________ 15. ____________

16. ____________ 17. ____________ 18. ____________ 19. ____________ 20. ____________ 21. ____________

图 2-27　马的后肢骨(外侧)

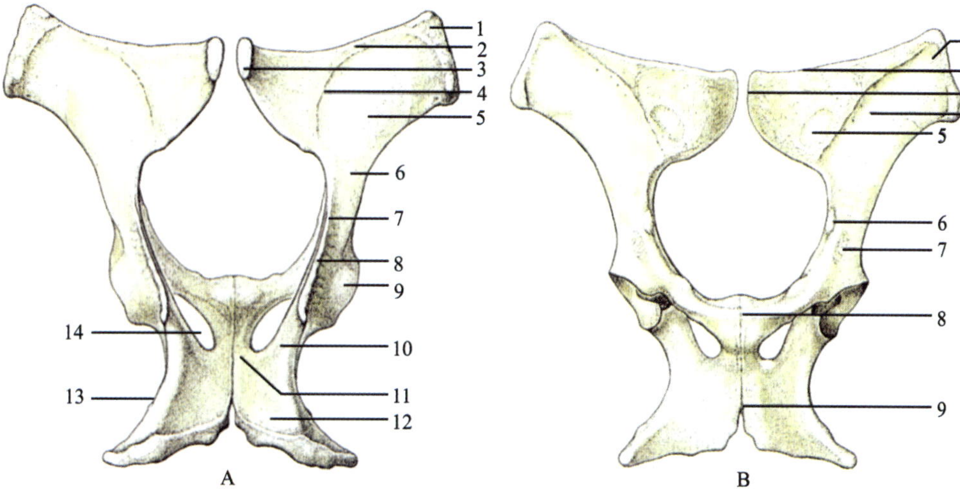

A. 背侧面　1. ____________ 2. ____________ 3. ____________ 4. ____________ 5. ____________

6. ____________ 7. ____________ 8. ____________ 9. ____________ 10. ____________ 11. ____________

12. ____________ 13. ____________ 14. ____________

B. 腹侧面　1. ____________ 2. ____________ 3. ____________ 4. ____________ 5. ____________

6. ____________ 7. ____________ 8. ____________ 9. ____________

图 2-28　马的髋骨

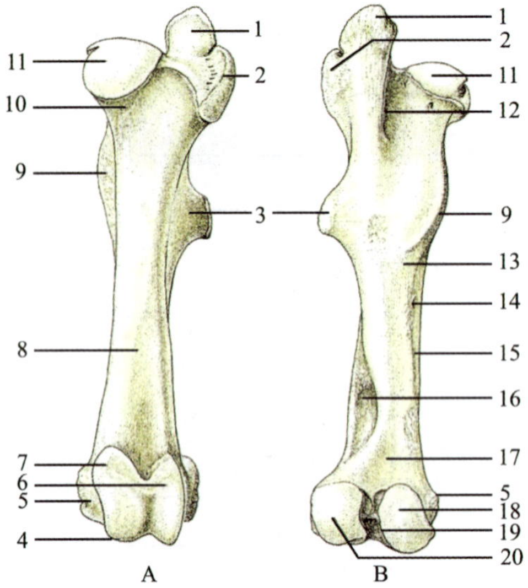

A. 前面观 1. ________ 2. ________ 3. ________ 4. ________ 5. ________ 6. ________ 7. ________ 8. ________ 9. ________ 10. ________ 11. ________

B. 后面观 1. ________ 2. ________ 3. ________ 5. ________ 9. ________ 11. ________ 12. ________ 13. ________ 14. ________ 15. ________ 16. ________ 17. ________ 18. ________ 19. ________ 20. ________

图 2-29　马的左股骨

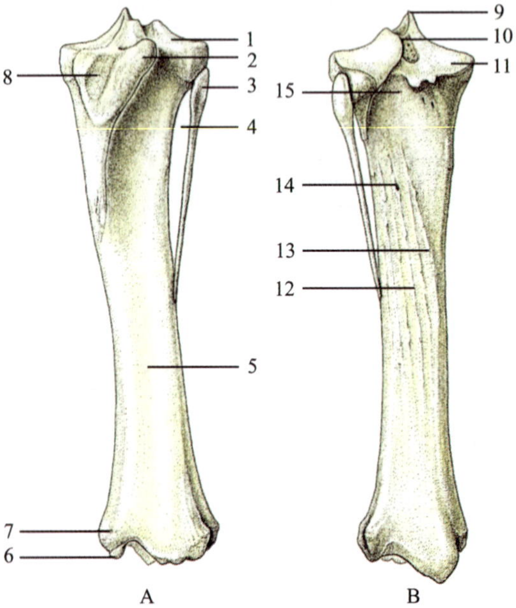

A. 前面观 1. ________ 2. ________ 3. ________ 4. ________ 5. ________ 6. ________ 7. ________ 8. ________

B. 后面观 9. ________ 10. ________ 11. ________ 12. ________ 13. ________ 14. ________ 15. ________

图 2-30　马的左小腿骨

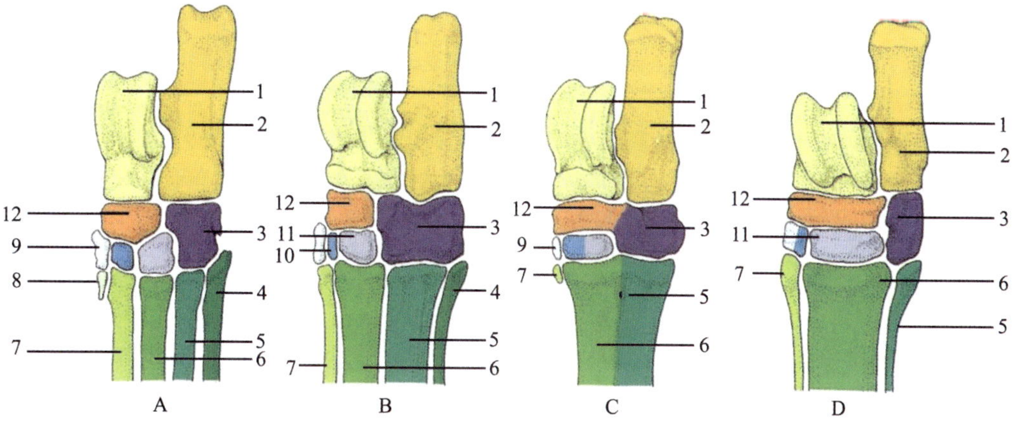

A. 犬 1. ____ 2. ____ 3. ____ 4. ____ 5. ____
6. ____ 7. ____ 8. ____ 9. ____ 12. ____

B. 猪 1. ____ 2. ____ 3. ____ 4. ____ 5. ____
6. ____ 7. ____ 10. ____ 11. ____ 12. ____

C. 牛 1. ____ 2. ____ 3. ____ 5. ____
6. ____ 7. ____ 9. ____ 12. ____

D. 马 1. ____ 2. ____ 3. ____ 5. ____ 6. ____
7. ____ 11. ____ 12. ____

图 2-31 不同动物跗骨示意图

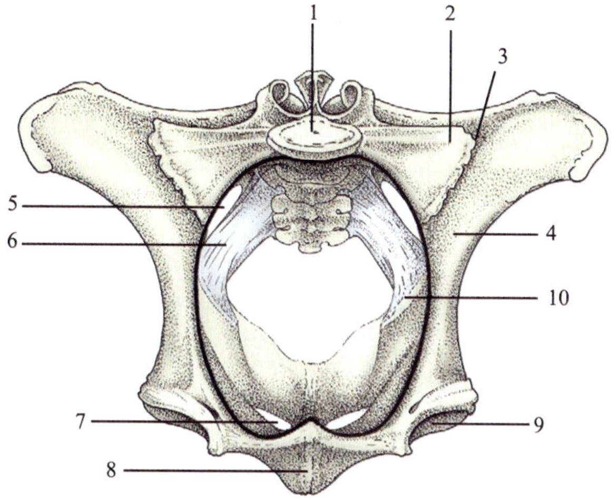

1. ____ 2. ____ 3. ____ 4. ____ 5. ____
6. ____ 7. ____ 8. ____ 9. ____ 10. ____

图 2-32 马的荐髂关节

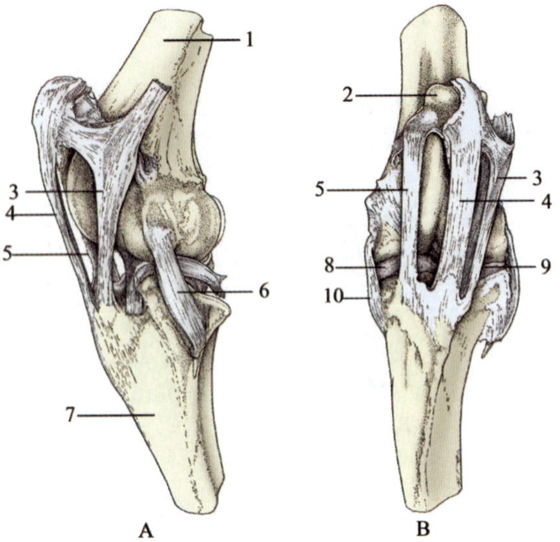

A. 外侧面 1. ________ 3. ________ 4. ________ 5. ________ 6. ________ 7. ________

B. 背侧面 2. ________ 3. ________ 4. ________ 5. ________ 8. ________ 9. ________

10. ________

图 2-33 牛的左髌关节

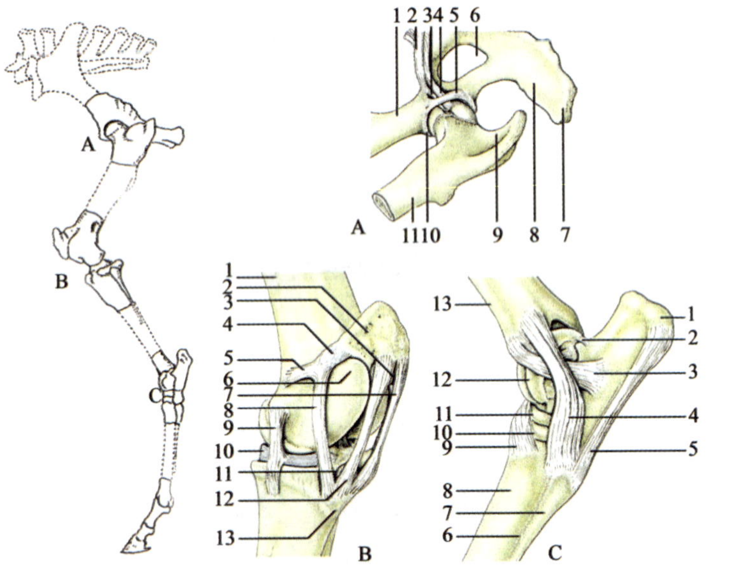

A. ________ 1. ________ 2. ________ 3. ________ 4. ________ 5. ________

6. ________ 7. ________ 8. ________ 9. ________ 10. ________ 11. ________

B. ________ 1. ________ 2. ________ 3. ________ 4. ________ 5. ________

6. ________ 7. ________ 8. ________ 9. ________ 10. ________

11. ________ 12. ________ 13. ________

C. ________ 1. ________ 2. ________ 3. ________ 4. ________ 5. ________

6. ________ 7. ________ 8. ________ 9. ________ 10. ________

11. ________ 12. ________ 13. ________

图 2-34 后肢关节

3.躯干肌

(1)脊柱肌 背腰最长肌(眼肌)是脊柱最强大的肌肉,位于胸腰椎棘突与肋骨上端、腰椎横突之间的三棱形夹角内,起自髂骨前缘、荐骨、腰椎及后数个胸椎的棘突,向前分两支:腹侧支止于腰椎、胸椎的横突以及肋骨的外侧面,背侧支止于后几个颈椎棘突。其主要作用是伸腰背和颈。

(2)颈腹侧肌 胸头肌呈长带状,位于气管的腹外侧,构成颈静脉沟的下界。起于胸骨柄,主要止于下颌骨,是头颈的屈肌。

(3)腹壁肌 腹外斜肌起自后几个肋骨及肋间外肌的筋膜,肌纤维由后上方斜向前下方,在腹直肌外侧移行为腱膜,主要止于白线及耻前腱。自髋结节至耻骨间的腱膜特别强厚,称为腹股沟弓或腹股沟韧带。该弓前方有一裂孔,为腹股沟管浅环。

4.前肢肌

(1)肩带肌

斜方肌 呈薄的倒三角形,位于肩颈上半部的皮下、项韧带索状部和肩胛冈之间,可分颈和胸两部分。颈斜方肌起于项韧带索状部,胸斜方肌起于前10个胸椎棘突,两部肌纤维斜行止于肩胛冈,主要作用是提举、摆动和固定肩胛骨。

背阔肌 位于胸侧壁上部,呈三角形,主要起自腰背和胸侧壁的筋膜等处,止于臂骨内侧圆肌结节等处。主要作用是向后上方牵引前肢和屈肩关节等作用。

胸浅肌 位于臂及前臂内侧与胸骨之间的皮下,可分前、后二部。前部为胸降肌(胸浅前肌),起自胸骨柄,主要止于臂骨嵴。后部为胸横肌(胸浅后肌),主要起自胸骨腹侧,止于前臂内侧。胸浅肌的主要作用是内收前肢。

臂头肌 呈长而宽的带状,位于颈侧部的皮下,自头(枕骨、颞骨和前几个颈椎)伸延到臂部(三角肌结节和臂骨嵴)。主要作用是伸肩关节和偏头颈。

(2)肩部肌

三角肌 呈三角形,位于肩关节后方、冈下肌和臂三头肌的表面,起于肩胛冈表面筋膜、肩胛骨后缘上部,主要止于三角肌结节,有屈肩关节的作用。

(3)臂部肌

臂三头肌 位于肩胛骨后缘与臂骨之间的夹角内,肌腹庞大,分3个头。起于肩胛骨后缘及臂骨两侧,止于肘突顶端,主要作用是伸肘关节和屈肩关节。

(4)前臂和前脚部肌

背外侧面 由前向后依次为腕桡侧伸肌、指总伸肌、指外侧伸肌和腕尺侧伸肌。腕桡侧伸肌起自肱骨外侧上髁,以腱止于掌骨粗隆;可伸腕关节和屈肘关节。指总伸肌位于腕桡侧伸肌外侧,指外侧伸肌位于指总伸肌后方。腕尺侧伸肌也称腕外侧屈肌,位于前臂外侧后部皮下,指外侧伸肌后方。

掌内侧面 自桡骨后方依次向后为腕桡侧屈肌和腕尺侧屈肌(桡骨前方为腕桡侧伸肌);腕尺侧屈肌与腕尺侧伸肌之间夹的是指浅屈。腕桡侧屈肌位于前臂内侧皮下,肌腹呈纺锤形,起自肱骨内侧上髁,止于大掌骨近端内侧后面。可屈腕关节和伸肘关节。腕尺侧屈肌位于腕桡侧屈肌后方,前臂内侧后部皮下,有2个头,肱骨头起自肱骨内侧上髁,尺骨头起始于尺骨鹰嘴内侧面，以腱止于副腕骨，可屈腕关节和伸肘关节。指浅屈肌位于前臂后方、腕尺侧伸肌和腕尺侧屈肌之间，在前臂中部切断腕尺侧屈肌的肌腹，可暴露此肌。

5.后肢肌

(1)臀部肌

臀中肌　大而厚，构成臀部的圆形轮廓，前端狭而薄，伸达腰部，主要起于髂骨外侧面、背最长肌腱膜及荐坐韧带，止于大转子。主要有伸髋关节、外展及旋后肢的作用。

(2)股部肌

臀股二头肌　位于臀肌后方，长而宽，有 2 个头，起自荐骨和坐骨，止于膝盖骨、胫骨及跟结节，有伸髋关节、膝关节及跗关节的作用。

半腱肌　位于股二头肌后方，构成股部的后缘，止端转到腿内侧，主要起自坐骨结节，止于胫骨嵴内侧和跟结节。

阔筋膜张肌　位于股前部皮下、臀中肌与股四头肌的夹角内，呈三角形，起于髋结节，向下呈扇形展开，借阔筋膜止于膝盖骨和胫骨近端。作用为紧张阔筋膜、屈髋关节和伸膝关节。

(3)小腿及后脚部肌　背侧面浅层由浅到深依次为第 3 腓骨肌、趾长伸肌、胫骨前肌。第 3 腓骨肌后方为腓骨长肌，后者后方为趾外侧伸肌。在小腿中部外侧切断臀股二头肌并翻起，小腿后方为腓肠肌，腓肠肌内、外侧头之间为趾浅屈肌；腓肠肌前方为趾深屈肌。

请在图 2-35 至图 2-38 中标明各数字所代表的肌肉名称。

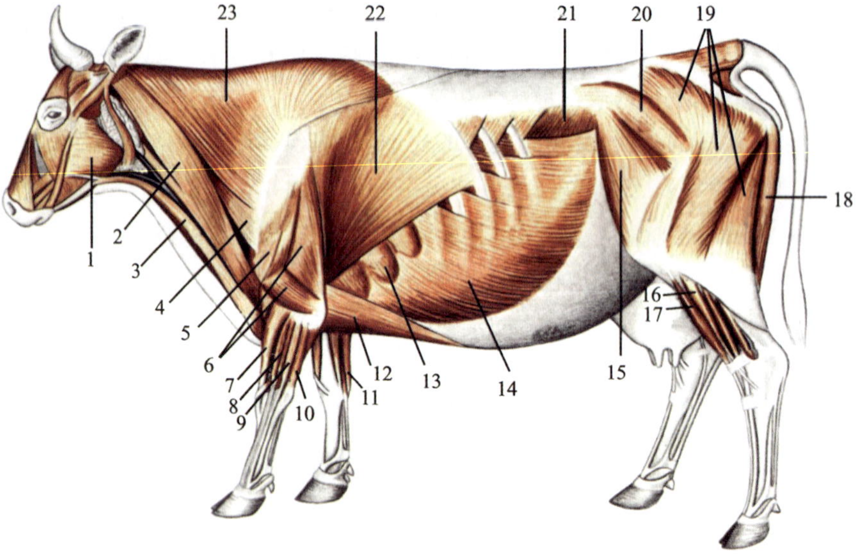

1. ________ 2. ________ 3. ________ 4. ________ 5. ________
6. ________ 7. ________ 8. ________ 9. ________ 10. ________
11. ________ 12. ________ 13. ________ 14. ________ 15. ________
16. ________ 17. ________ 18. ________ 19. ________ 20. ________
21. ________ 22. ________ 23. ________

图 2-35　牛的浅层肌

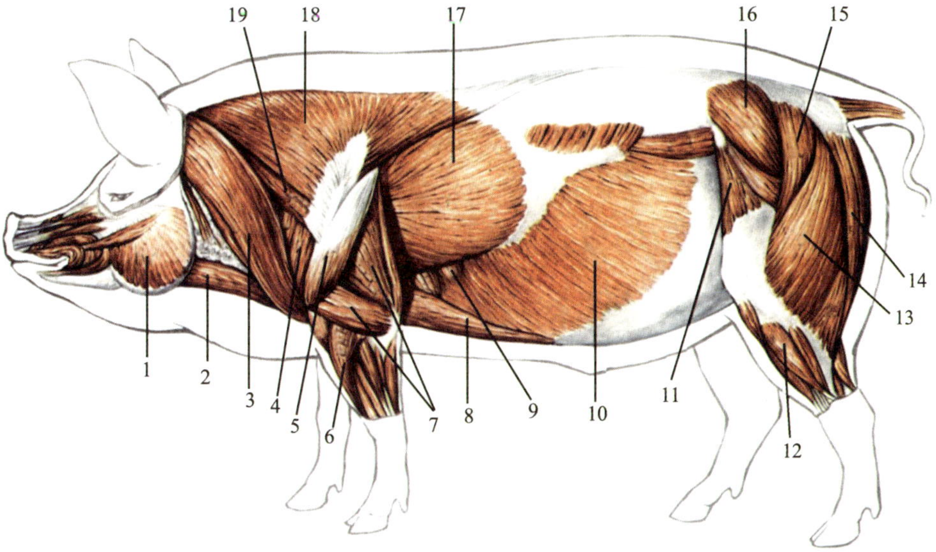

1. ____ 2. ____ 3. ____ 4. ____ 5. ____
6. ____ 7. ____ 8. ____ 9. ____ 10. ____
11. ____ 12. ____ 13. ____ 14. ____ 15. ____
16. ____ 17. ____ 18. ____ 19. ____

图 2-36　猪的浅层肌

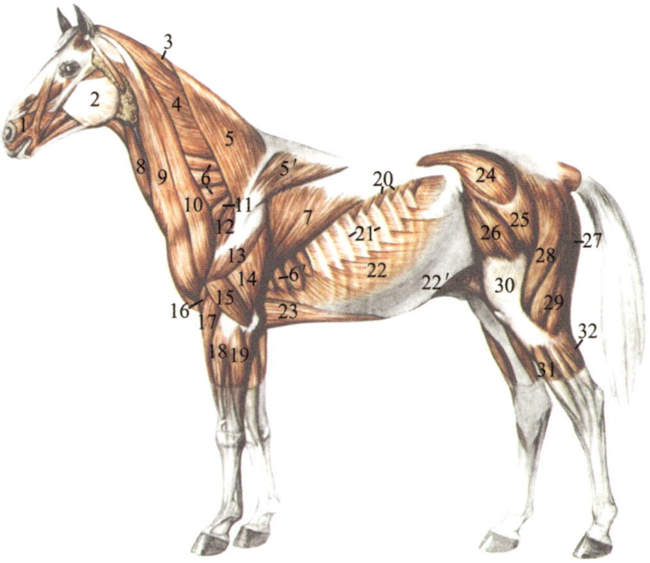

1. ____ 2. ____ 3. ____ 4. ____ 5. ____ 5′. ____
6. ____ 6′. ____ 7. ____ 8. ____ 9. ____ 10. ____
11. ____ 12. ____ 13. ____ 14. ____ 15. ____ 16. ____
17. ____ 18. ____ 19. ____ 20. ____ 21. ____ 22. ____
22′. ____ 23. ____ 24. ____ 25. ____ 26. ____ 27. ____
28. ____ 29. ____ 30. ____ 31. ____ 32. ____

图 2-37　马的浅层肌

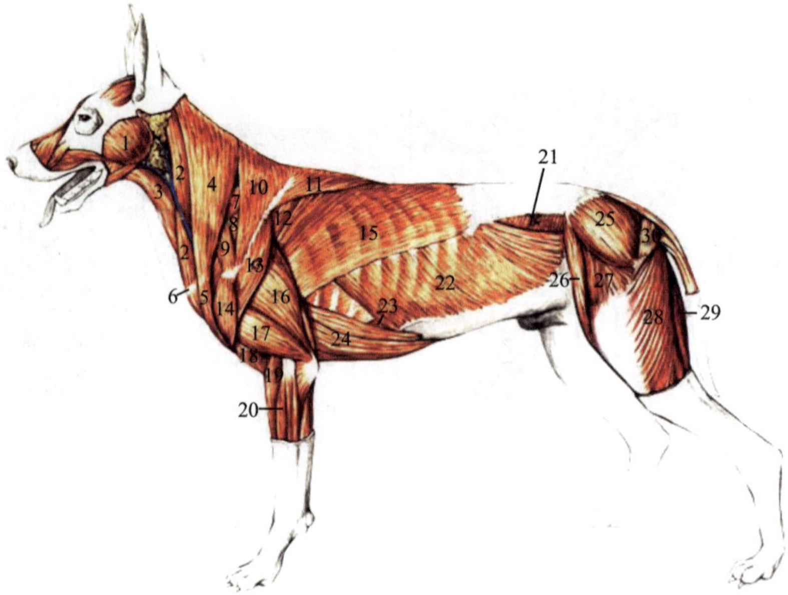

1. ____ 2. ____ 3. ____ 4. ____ 5. ____
6. ____ 7. ____ 8. ____ 9. ____ 10. ____
11. ____ 12. ____ 13. ____ 14. ____ 15. ____
16. ____ 17. ____ 18. ____ 19. ____ 20. ____
21. ____ 22. ____ 23. ____ 24. ____ 25. ____
26. ____ 27. ____ 28. ____ 29. ____ 30. ____

图 2-38 犬的浅层肌

三、作业

1. 躯干骨由哪几部分组成？
2. 脊柱由哪几部分组成？如何连接？
3. 说明胸廓的组成、连接及功能。
4. 比较马、牛、猪和犬躯干骨各部的数目和主要特点。
5. 指出牛或马构成颅腔的各骨的位置。
6. 指出牛或马构成鼻腔、口腔、咽及舌支架的各骨的位置。
7. 说明鼻旁窦的概念，并说明牛额窦和上颌窦的表面投影。
8. 说明牛前肢骨的组成和自然位置。
9. 依次说明前肢各关节的组成、关节角顶方向及构造特点。
10. 试比较马、牛、猪、羊和犬的前脚部骨骼的特点，特别是不同动物指的数目。
11. 牛后肢骨的组成及各骨的位置、形态特点。
12. 牛、马、猪、羊和犬后蹄(爪)骨骼的特点。
13. 后肢各关节的组成、构造特点、关节角顶方向和运动形式。
14. 说明腹股沟韧带、腹股沟管和腹股沟疝。
15. 试比较牛、马和猪后肢肌的异同。

实验三　消化系统

一、目的与要求

1. 掌握家畜牛（羊）、猪、马、犬胃的位置、外部形态及内部黏膜结构特点。

2. 观察模型和标本，比较牛（羊）、猪、马、犬肠管的形态及结构特点。

3. 了解不同家畜重要消化腺的形态及结构特点。

4. 掌握单室胃的组织结构特点，了解多室胃的组织结构特点。

5. 掌握小肠、肝组织结构特点，了解大肠、胰的组织结构特点。

二、实验内容与实验方法

（一）单室胃的解剖学结构

1. 马的胃　单室混合型胃，呈前后压扁的“U”字形，胃大弯凸，朝向左下方；胃小弯凹，朝向右上方。胃的左端向后上方膨大形成胃盲囊（gastric caecum），右端较小，向后以幽门与十二指肠相连。食管与胃的贲门几乎呈锐角相连。贲门在胃小弯的左端（图 3-1）。

胃黏膜被一明显的褶缘分为两部。褶缘以上的部分厚而苍白，与食管黏膜相连，黏膜内无腺体，称为无腺部。褶缘以下和右侧的黏膜软而皱，黏膜内含有腺体，称为有腺部。

有腺部分 3 个区：沿褶缘的一窄区，黏膜呈灰黄色，为贲门腺区；在贲门腺区下方的一大片黏膜，呈棕红色且明显有凹陷（即胃小窝），为胃底腺区；在胃底腺区右侧的黏膜，呈灰红色或灰黄色，为幽门腺区。幽门处的黏膜形成一环形褶，为幽门瓣（pyloric valve）（图 3-2）。

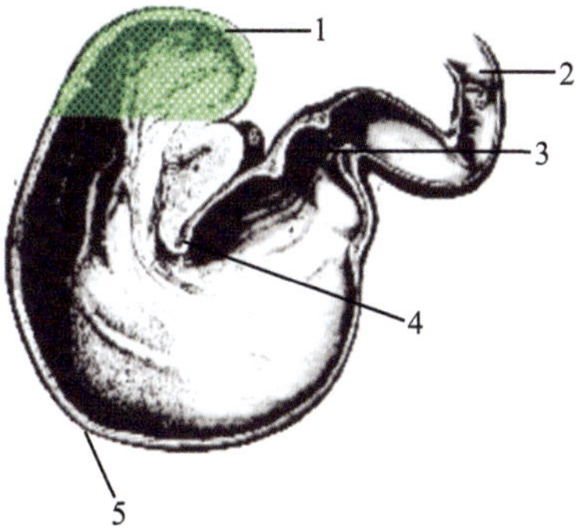

1. 胃盲囊　2. 十二指肠　3. 幽门

4. 胃小弯　5. 胃大弯

图 3-1　马的胃

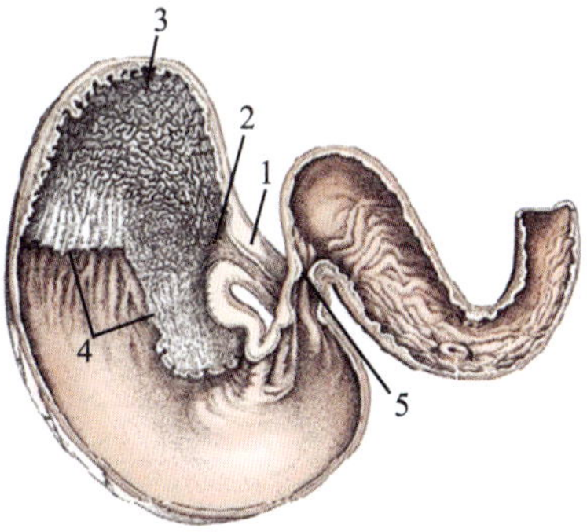

1. 食管　2. 贲门　3. 无腺部

4. 褶缘　5. 幽门

图 3-2　马的胃黏膜

（引自：Dyce，2010）

2. 猪的胃　单室混合型胃，容积大。胃的左端大而圆，近贲门处有一盲突，称为胃憩室(gastric diverticulum)；右端幽门部小而急转向上，与十二指肠相连。在幽门处内面有自小弯一侧向内突出的一个纵长鞍形隆起，称为幽门圆枕(torus pyloricus)，与其对侧的唇形隆起相对，有关闭幽门的作用(图 3-3)。

猪胃黏膜分为无腺部和有腺部。猪的无腺部很小，仅位于贲门周围，黏膜粗糙，呈苍白色。有腺部面积大，分为贲门腺区、胃底腺区和幽门腺区。猪的贲门腺区很大，由胃的左端达胃的中部，黏膜薄而呈淡灰色；胃底腺区很小，位于贲门腺区的右侧，沿胃大弯分布，黏膜较厚呈棕红色；幽门腺区位于幽门部，黏膜薄呈灰色，且有不规则的皱褶(图 3-4)。

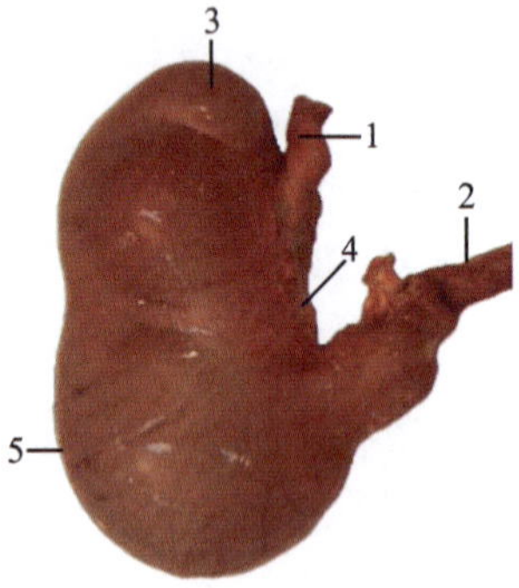

1. 食管　2. 十二指肠　3. 胃憩室
4. 胃小弯　5. 胃大弯

图 3-3　猪的胃

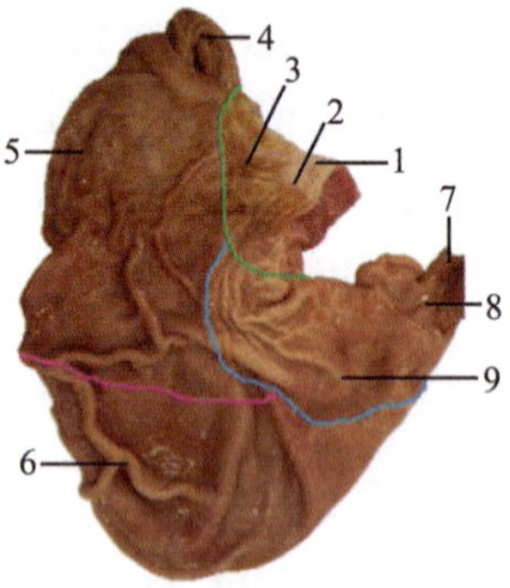

1. 食管　2. 贲门　3. 无腺部　4. 胃憩室　5. 贲门腺区
6. 胃底腺区　7. 十二指肠　8. 幽门　9. 幽门腺区

图 3-4　猪的胃黏膜

3. 犬的胃　单室腺型胃，呈弯曲的梨形，左端膨大，胃小弯短，只有胃大弯的 1/4(图 3-5)。

胃黏膜分为贲门腺区、胃底腺区和幽门腺区 3 个腺区。贲门腺区很小；胃底腺区黏膜较厚，呈红褐色，占全胃面积的 2/3；幽门腺区黏膜较薄，苍白色(图 3-6)。

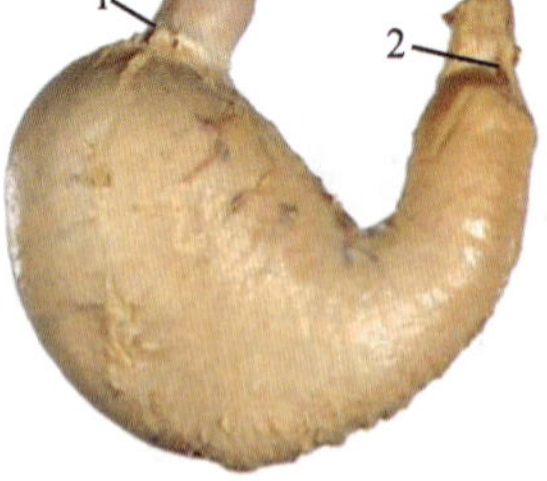

1. 食管　2. 十二指肠

图 3-5　犬的胃

(引自：Dyce，2010)

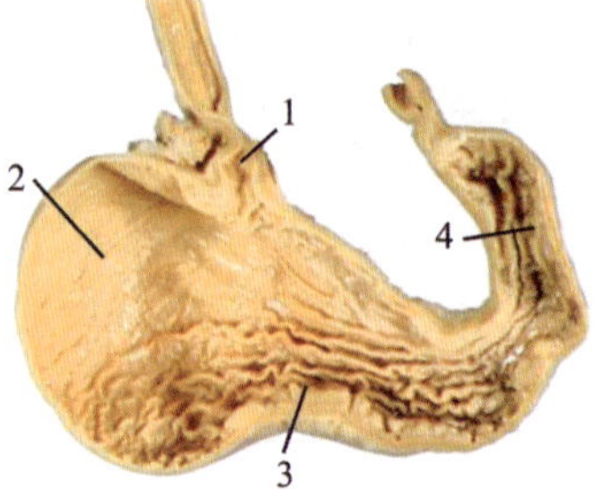

1. 贲门　2. 贲门腺区　3. 胃底腺区　4. 幽门腺区

图 3-6　犬的胃黏膜(额切面)

(引自：Dyce，2010)

(二)单室胃的组织学结构

单室胃的胃壁由黏膜、黏膜下层、肌层和浆膜 4 层构成(图 3-7)。

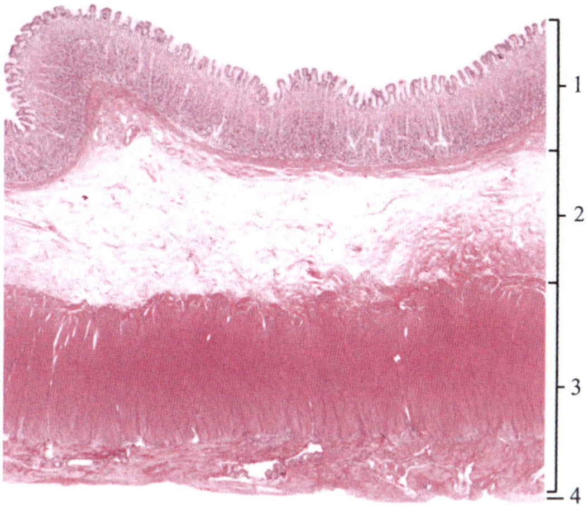

1. 黏膜 2. 黏膜下层 3. 肌层 4. 浆膜

图 3-7 胃底部切片(HE,100×)

(朱雪敏 供图)

1. 黏膜(mucosa) 包括黏膜上皮、固有层和黏膜肌层。有腺部黏膜的表面有许多由上皮下陷形成的小窝,称胃小凹(gastric pit),每个胃小凹底部常有几个胃腺的开口。

(1)黏膜上皮 无腺部为复层扁平上皮(图 3-8),有腺部为单层柱状上皮。柱状细胞排列整齐,附着于基膜。胞核呈椭圆形,位于基底部。顶部胞质充满黏原颗粒,可合成分泌黏液(图 3-9),在有腺部黏膜的表面有许多由上皮下陷形成的胃小凹。

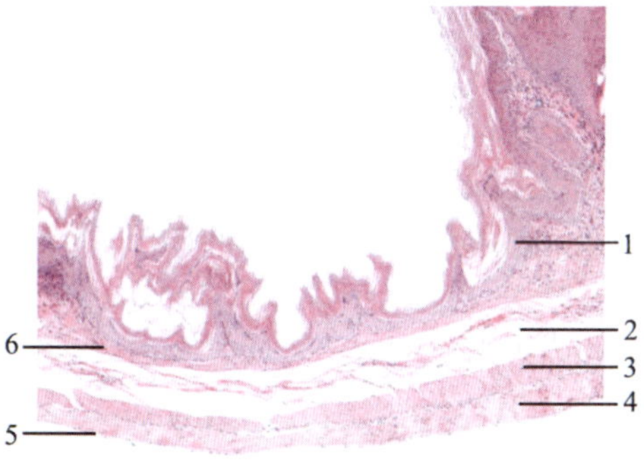

1. 复层扁平上皮 2. 黏膜下层 3. 内环形肌 4. 外纵行肌 5. 浆膜 6. 黏膜肌层

图 3-8 单室胃无腺部(HE,100×)

(李梦云 供图)

(2)固有层 疏松结缔组织,黏膜上皮下陷至固有层形成很多胃腺(gastric gland),可分为贲门腺、胃底腺、幽门腺。胃底腺(fundic gland)为分布于胃底部的单管状腺或分支管状腺,腺腔狭小。胃底腺是分泌胃液的主要腺体,由主细胞、壁细胞、颈黏液细胞、内分泌细胞和未分化细胞构成(图 3-10、图 3-11)。

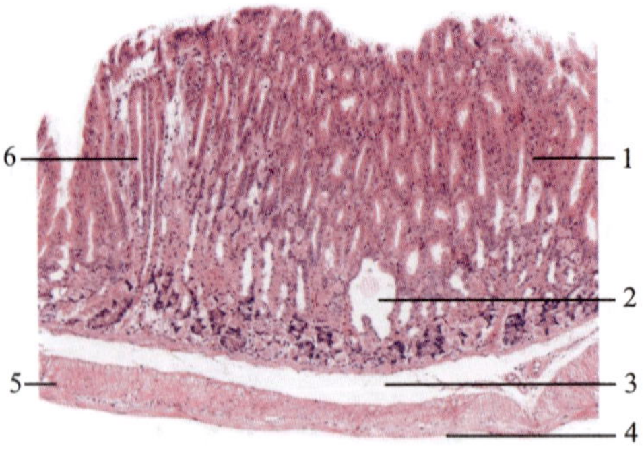

1. 黏膜上皮 2. 血管 3. 黏膜下层 4. 浆膜 5. 肌层 6. 黏膜固有层

图 3-9 单室胃有腺部(HE,100×)

(李梦云 供图)

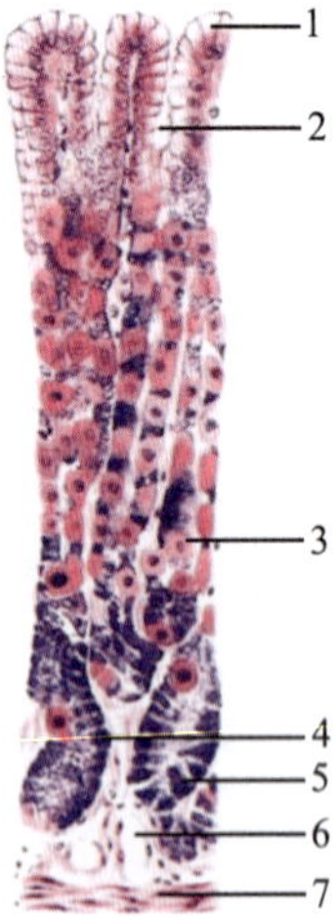

1. 胃上皮 2. 胃小凹 3. 壁细胞
4. 颈黏液细胞 5. 主细胞
6. 固有层 7. 黏膜肌层

图 3-10 胃底腺纵切模式图

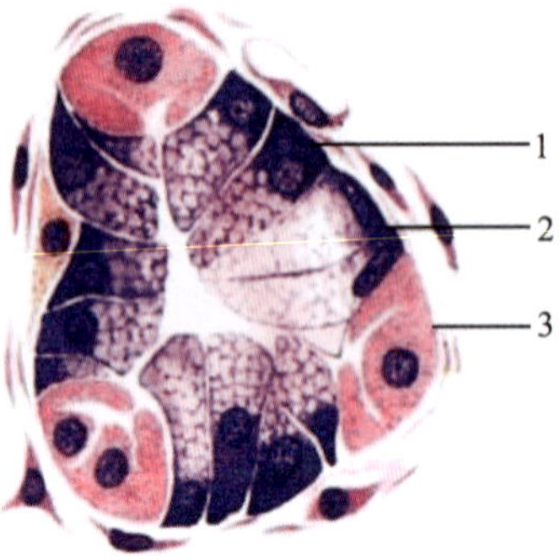

1. 主细胞 2. 颈黏液细胞 3. 壁细胞

图 3-11 胃底腺横切模式图

①主细胞(chief cell) 又称胃酶原细胞(zymogenic cell),数量较多,主要分布于腺体部和底部。细胞呈矮柱状或锥体形,胞核圆形,位于细胞基底部,胞质嗜碱性强,基部染色较深,顶部色淡。

②壁细胞(parietal cell) 能分泌盐酸,故又称泌酸细胞。胞质为颗粒状,具有强嗜酸性,HE 染色时伊红着色较深。壁细胞呈圆形或锥体形,体积较大,大多散在分布于腺的颈部和体部。胞核圆而深染,位于细胞中央,大部分单核,偶见有双核现象。

③颈黏液细胞(mucous neck cell) 数量很少,一般分布于腺颈部。细胞呈立方形或矮柱状,胞核椭圆形,位于细胞基底部。胞质顶部充满黏原颗粒,常规染色切片中,胞质顶端较主细胞淡染。

④内分泌细胞　细胞呈锥形、卵圆形或不规则形，常分布于其他上皮细胞之间。

⑤未分化细胞（干细胞）　细胞较小，多位于胃底腺的顶部至胃小凹深部一带，可增殖分化为表面黏液细胞或胃底腺细胞。

（3）黏膜肌层　由内环、外纵两层平滑肌组成（图 3-7）。

2. 黏膜下层　发达的疏松结缔组织，含有较大的血管、淋巴管和神经丛。在猪贲门和幽门处还含有淋巴小结。

3. 肌层　发达，由内斜、中环和外纵 3 层平滑肌组成（图 3-7）。

4. 浆膜　由致密结缔组织构成，外面被覆一层扁平上皮细胞，形成光滑而湿润的浆膜组织。

（三）多室胃的解剖学结构

牛、羊、骆驼等动物的胃为多室胃。多室胃包括瘤胃、网胃、瓣胃和皱胃。

1. 瘤胃　最大，占总容积的 80%，呈前后稍长、左右略扁的椭圆形囊（图 3-12）。几乎占据腹腔的左半部，其下半部还伸到腹腔右侧一部分。瘤胃的前端与网胃相通，与第 7、第 8 肋间隙相对；后端达骨盆前口。瘤胃表面有前沟（anterior canal）和后沟（posterior canal）；左纵沟（sulcus longitudinalis sinister）和右纵沟（sulcus longitudinalis dexter）。在瘤胃的内面，有与上述各沟相对应的肉柱（trabeculae carneae）。沟和肉柱共同围成环状，把瘤胃分成背囊（dorsal sac）和腹囊（ventral sac）两部分，背囊较长。由于瘤胃前、后沟较深，在瘤胃背囊和腹囊的前、后两端，分别形成前背盲囊（瘤胃房）、后背盲囊、前腹盲囊（瘤胃隐窝）和后腹盲囊。

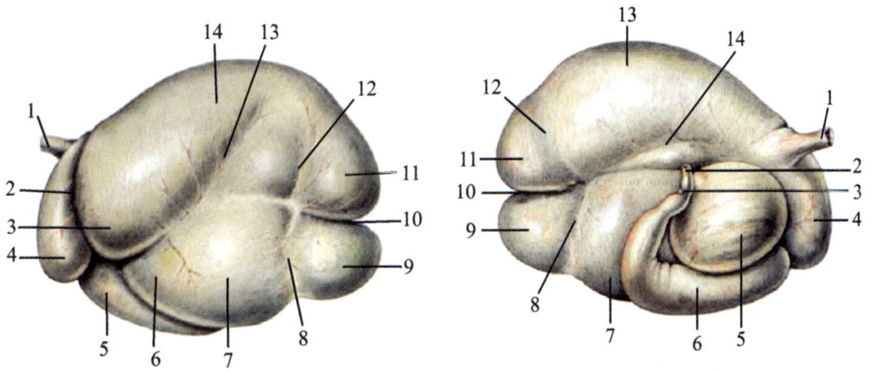

左侧面：1. 食管　2. 瘤网胃沟　3. 前背盲囊（瘤胃房）　4. 网胃　5. 皱胃　6. 前腹盲囊　7. 腹囊　8. 后腹冠状沟　9. 后腹盲囊　10. 后沟　11. 后背盲囊　12. 后背冠状沟　13. 左纵沟　14. 背囊

右侧面：1. 食管　2. 十二指肠　3. 幽门　4. 网胃　5. 瓣胃　6. 皱胃　7. 前腹盲囊　8. 后腹冠状沟　9. 后腹盲囊　10. 后沟　11. 后背盲囊　12. 后背冠状沟　13. 背囊　14. 右纵沟

图 3-12　牛的胃

（引自：陈耀星，刘为民 译，2009）

瘤胃入口为贲门（cardia），出口为瘤网胃口（ruminoreticular opening），出入口相距较近，均位于瘤胃背囊的前部，贲门在瘤网胃口的背侧。瘤网胃口大，瘤胃和网胃无明显分界，形成一个穹窿，称为瘤胃前庭。

瘤胃黏膜呈棕黑色或棕黄色(肉柱颜色较浅),表面有无数密集的角质化乳头(图 3-13A)。黏膜乳头密度和大小不等,以瘤胃腹囊和盲囊内的最为发达,肉柱和前庭的黏膜乳头不发达,有的肉柱无黏膜乳头。

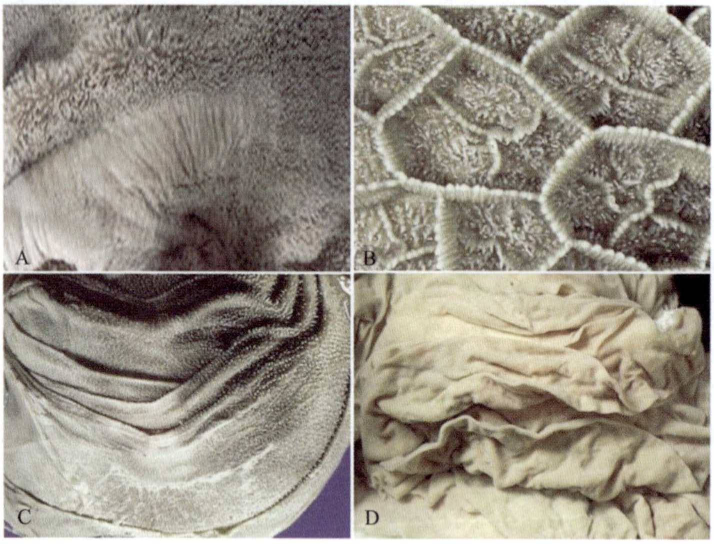

A. 瘤胃　B. 网胃　C. 瓣胃　D. 皱胃

图 3-13　牛的胃黏膜

(B,C,D. 引自:Dyce, 2010)

2. 网胃　最小,约占胃总容积的 5%,呈前后稍扁的梨形囊(图 3-12)。网胃位于季肋部内,大部分位于体中线的左侧,在瘤胃背囊的前下方,与第 6～8 肋骨相对。

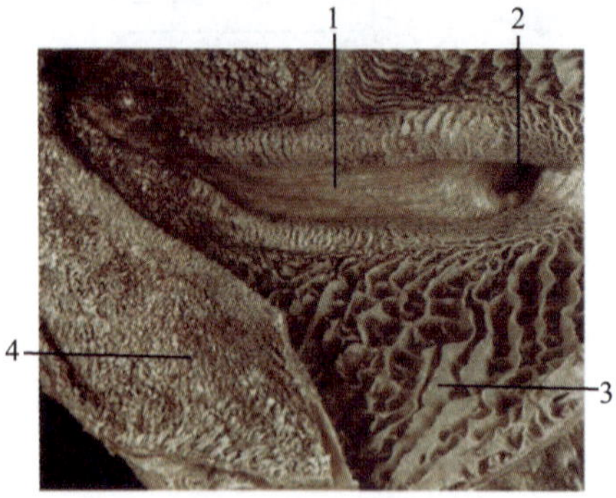

1. 食管沟　2. 贲门　3. 网胃瓣叶　4. 瘤胃乳头

图 3-14　牛的食管沟

(引自:陈耀星,刘为民 译,2009)

在网胃右侧壁的黏膜上,自贲门向下延伸到网瓣胃口的沟,称为网胃沟(reticular groove),又称食管沟(sulcus oesophagus)(图 3-14),沟两侧隆起的黏膜褶,称为食管沟唇。

网胃黏膜:多边形网格状皱褶,形似蜂房,又称蜂巢胃(reticulum)(图 3-13B)。房底还有许多较低的次级皱褶再分为更小的网格。在皱褶和房底部密布有细小的角质乳头。食管沟的黏膜平滑、色淡,有纵行皱褶。

3. 瓣胃　占胃总容积的 7%左右,两侧稍扁的球形(图 3-12)。位于右季肋部,在瘤胃与网胃交界的右侧,与第 7～11 或 12 肋骨相对。

瓣胃黏膜　形成百余片瓣叶,瓣叶呈新月形,凸缘附着于大弯的瓣胃壁,游离缘向着小弯。瓣叶上密布小的角质乳头(图 3-13C)。

4. 皱胃　占胃总容积的 8%左右,呈前粗后细的弯曲囊袋状(图 3-12),位于右季肋部和剑状软骨部,在网胃和瘤胃腹囊的右侧、瓣胃的腹侧和后方,大部分与腹腔底壁紧贴,与第 8～12

肋骨相对。皱胃分为胃底、胃体和幽门部 3 部分。幽门部在接近幽门处明显变细，壁内的环形肌特别增厚，在小弯侧形成一幽门圆枕。皱胃小弯凹而向上，与瓣胃接触；大弯凸而向下，与腹腔底壁接触。

皱胃黏膜光滑、柔软，在底部形成 12～14 片螺旋形大皱褶，称皱胃旋褶(abomasum plicae spiralis)。黏膜内含有腺体，分为 3 个腺区：贲门腺区、幽门腺区和胃底腺区(图 3-13D)。

(四)多室胃的组织学结构

多室胃的胃壁也分黏膜、黏膜下层、肌层和浆膜 4 层结构。前 3 个胃的黏膜上皮为复层扁平上皮，黏膜下层内没有腺体，不分泌胃液。皱胃的黏膜内有腺体，分泌胃液。

1. 瘤胃

(1)黏膜　牛、羊瘤胃黏膜上皮细胞主要为复层扁平上皮，浅层细胞角化程度高。固有层为疏松结缔组织，和黏膜上皮共同形成黏膜角质乳头(图 3-15)。牛羊黏膜缺乏肌层组织，所以黏膜固有层和黏膜下层分界不清。

(2)黏膜下层　薄层疏松结缔组织，其内常见有血管和散在淋巴组织等结构。

(3)肌层　瘤胃肌层发达，由内(环形)、外(纵行)两层平滑肌构成。瘤胃肉柱是内环形肌向胃内壁凸起形成的皱褶，另外，肉柱内还含有大量弹性纤维。

(4)浆膜　构造与单胃相同，内含有许多脂肪细胞、血管、淋巴管和神经等。

2. 网胃　黏膜上皮为角化的复层扁平上皮，和固有层向内凸起，形成皱褶，这些皱褶彼此吻合形成许多蜂窝状皱襞。皱襞边缘和底部有很多锥状角质乳头，在皱褶内近游离缘中央有一条平滑肌带，并随皱褶形成连续的肌带网，与食管黏膜肌层相连，相当于网胃的黏膜肌层，黏膜肌层为少量的平滑肌。固有层和黏膜下层均为疏松结缔组织。肌层也分内环、外纵两层，分别与食管及食管沟的内、外肌层相连接。网胃最外面为浆膜组织(图 3-16)。

3. 瓣胃　黏膜上皮仍为复层扁平上皮，黏膜和黏膜下层凸起形成高低不一的皱襞，称为瓣叶，俗称“百叶”。其两侧密布角质乳头。瓣胃黏膜有发达的黏膜肌层。黏膜下层为疏松结缔组织，量很少。肌层也分内环、外纵两层平滑肌。最外层是浆膜组织(图 3-17)。

4. 皱胃　结构与单胃相似。特点是贲门腺区小，幽门腺区大；胃底部黏膜形成永久性的螺旋形大皱褶，胃底腺发达，短而密集；胃小凹的密度比较大。

(五)肠的解剖学结构

肠根据结构和功能分为小肠和大肠(图 3-18)。

1. 小肠的解剖学结构　小肠很长，管径较小，又分为十二指肠、空肠和回肠 3 段，是消化吸收的主要部位，牛小肠为 27～49 m(平均约 40 m)。小肠的分界：十二指肠(duodenum) 是从胃幽门到十二指肠空肠曲(距十二指肠结肠韧带游离缘向前 15～20 cm 处)；空肠(jejunum)是从十二指肠空肠曲到回盲韧带游离缘；回肠(Ileum)是从回盲韧带游离缘到回盲结口。

(1)十二指肠　牛长约 1 m，位于右季肋部和腰部，其行程与一般家畜相似，自皱胃幽门起，向前上方伸延，至肝的脏面形成一“乙”状弯曲；由此再向上向后伸延至髋关节前方，为降部；然后折转向左向前形成一后曲(髂曲)，由此继续(与结肠末端平行)伸延至右肾腹侧，为升部，升部后部有与结肠相连的十二指肠结肠韧带。末端与空肠相接(图 3-18)。

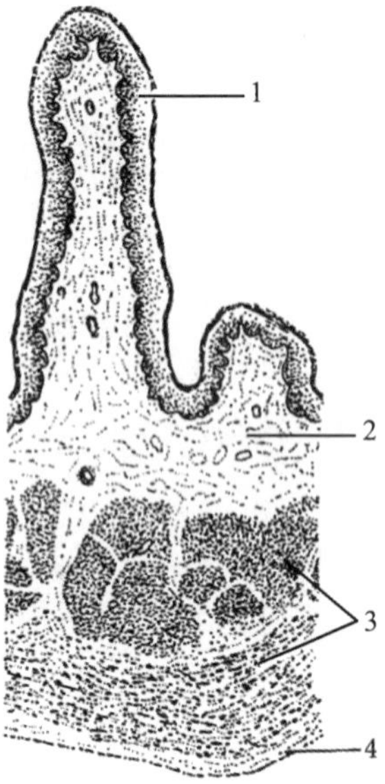

1.复层扁平上皮　2.固有层　3.肌层　4.浆膜

图 3-15　牛瘤胃过乳头切面

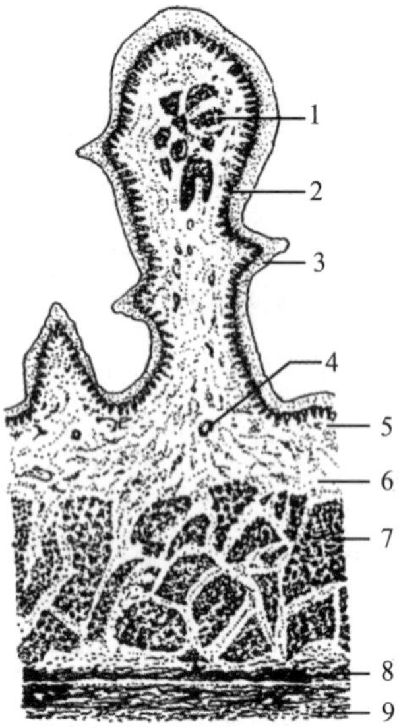

1.皱襞的肌带　2.复层扁平上皮　3.嵴　4.血管
5.固有层　6.黏膜下层　7.环肌层　8.纵肌层　9.浆膜

图 3-16　绵羊网胃切面

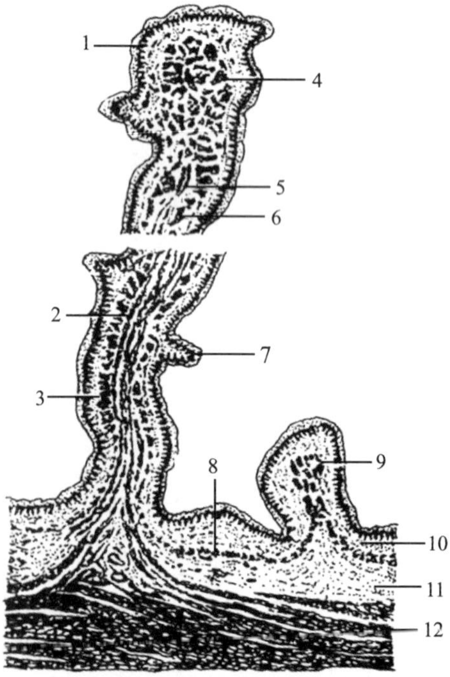

1.上皮　2.黏膜肌的延续　3.肌层的延续　4.厚的边缘基层　5.中央肌层　6.外侧肌层
7.嵴　8.黏膜肌层　9.小瓣叶的黏膜肌层　10.固有层　11.黏膜下层　12.肌层

图 3-17　牛瓣胃切面

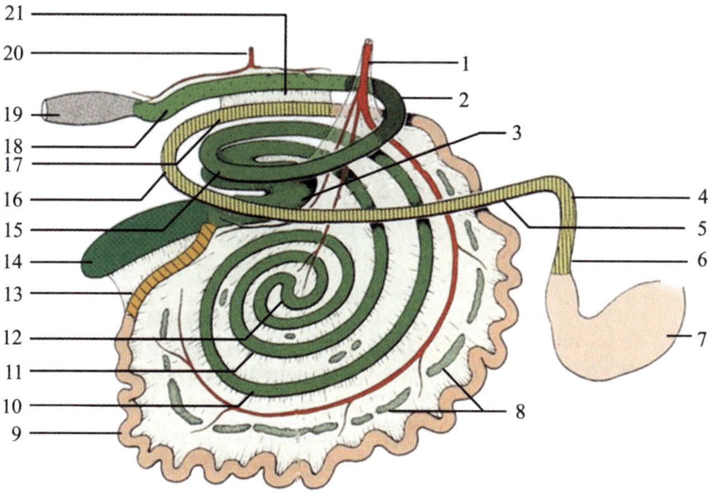

1. 肠系膜前动脉　2. 横结肠　3. 结肠初袢　4. 十二指肠前曲　5. 十二指肠降部　6. 十二指肠前部　7. 皱胃　8. 空肠系膜的空肠淋巴结　9. 空肠　10. 离心回　11. 向心回　12. 中心曲　13. 回肠　14. 盲肠　15. 结肠终袢　16. 十二指肠后曲　17. 十二指肠升部　18. 降结肠　19. 直肠　20. 肠系膜后动脉　21. 十二指肠结肠韧带

图 3-18　牛肠袢模式图

（引自：陈耀星，刘为民 译，2009）

（2）空肠　较长，大部分位于右季肋部、右髂部和右腹股沟部。形成无数肠圈，环绕在结肠圆盘的周围，形似花环。空肠的右侧和腹侧隔着大网膜与右侧腹壁相邻；左侧也隔着大网膜与瘤胃腹囊相贴；背侧为大肠；前方为瓣胃和皱胃；后达骨盆前口。空肠后部的肠袢因系膜宽大而游离性较大，往往绕过瘤胃后端至左侧（图 3-18、图 3 19）。

（3）回肠　较短，牛约 50 cm，自空肠的最后肠圈起，几乎呈直线向前上方伸延至盲肠腹侧，以回肠口开于盲结肠交界的腹侧壁，开口处是牛回肠、盲肠和结肠的交汇处，该口称为回盲结口（ostium ileocaecocolicum）。

2. 大肠的解剖学结构　牛的大肠长 6.4～10 m，管径比小肠略粗，管壁的外纵行肌不形成纵肌带，因而亦无肠袋。大肠的分界：盲肠（cecum）从回盲结口到盲肠盲端；结肠（colon）从回盲结口到骨盆腔前口；直肠（rectum）从骨盆腔前口到肛门。

（1）盲肠　牛 50～70 cm，呈圆筒状，位于右髂部。其前端与结肠相连，两者以回盲结口为界；盲端游离，牛向后伸达骨盆前口，羊则常伸入骨盆腔内。

（2）结肠　牛 6～9 m，起始部的口径与盲肠相似，向后逐渐变细，顺次分为升结肠、横结肠和降结肠。

升结肠　最长，可分为初袢、旋袢和终袢 3 段。初袢为升结肠的前段，在腰下形成“乙”状弯曲，即自回盲结口起，向前伸达第 12 肋骨下端附近，然后向上折转沿盲肠背侧向后伸至骨盆前口，又折转向前伸至第 2、第 3 腰椎腹侧，转为旋袢。旋袢为升结肠的中段，在瘤胃右侧盘曲呈一平面的圆盘状。旋袢又分向心回和离心回。从右侧看，向心回在继初袢后，以顺时针方向

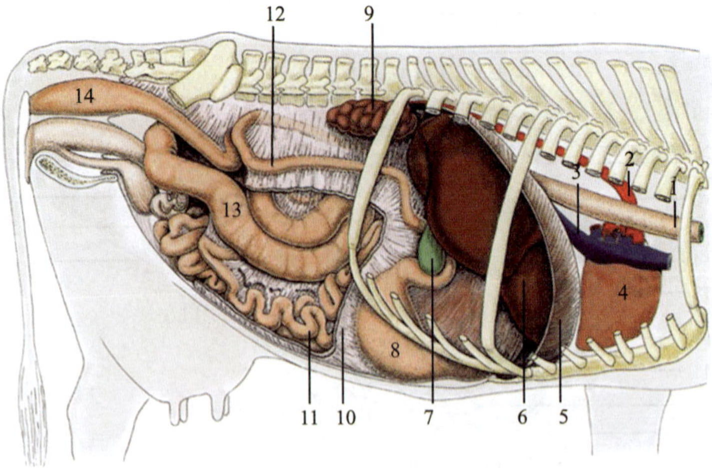

1. 食管 2. 主动脉 3. 后腔静脉 4. 心脏 5. 膈 6. 肝 7. 胆囊 8. 皱胃 9. 肾
10. 大网膜 11. 空肠 12. 十二指肠 13. 盲肠 14. 直肠

图 3-19 牛右侧内脏器官

(引自:陈耀星,刘为民 译,2009)

向内旋转约 2 周,羊约 3 周,至中心曲。离心回自中心曲起,以相反的方向向外旋转约 2 周,羊约 3 周,至旋袢外周而转为终袢。终袢为升结肠的后段,离开旋袢后,先向后延伸至骨盆前口附近,然后折转向前并向左延续为横结肠。

横结肠 很短,为由右侧绕过肠系膜前动脉而至左侧的一小段肠管。横结肠转而向后延续为降结肠。

降结肠 为横结肠的直接延续,沿肠系膜根的左侧面,向后延伸达骨盆前口处形成“乙”状弯曲,然后转为直肠。

牛、猪、马结肠特征比较:

①牛、猪结肠不分大小,马分。

②牛结肠粗细较均匀,马、猪的不均匀。

③牛结肠无纵肌带和肠袋,马、猪的有。

④牛、猪、马的结肠分为升结肠、横结肠和降结肠。

⑤牛升结肠分初袢、旋袢、终袢,且旋袢盘曲成结肠圆盘,分向心回、离心回和中心曲。

⑥猪升结肠(不分初、旋、终袢)盘曲成结肠圆锥,也分向心回(粗、锥外)、中心曲和离心回(细、锥内)。

⑦马升结肠也叫大结肠(可分初、旋、终袢),盘曲成双层马蹄铁形,分 4 段 3 曲,即右下大结肠→胸骨曲→左下大结肠→骨盆曲→左上大结肠→膈曲→右上大结肠→接横结肠。马的降结肠也叫小结肠。

(3)直肠 牛长约 40 cm,羊约 20 cm,粗细较均匀。腹膜部向后常达第 1 尾椎腹侧;腹膜外部周围有较多的脂肪。

(六)肠的组织学结构

1. 小肠的组织学结构　小肠管壁由黏膜、黏膜下层、肌层和浆膜 4 层构成(图 3-20)。

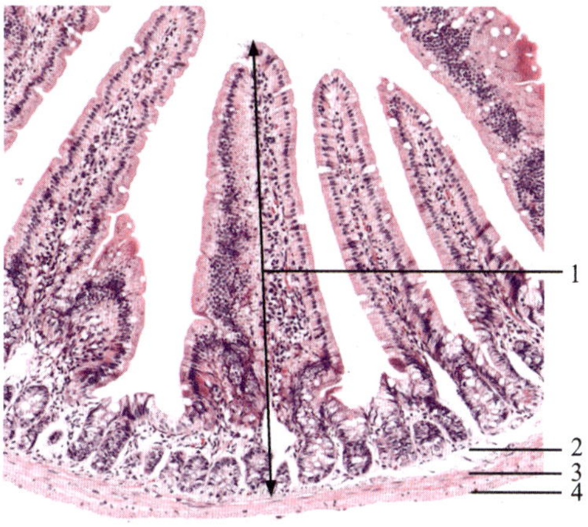

1. 黏膜　2. 黏膜下层　3. 肌层　4. 浆膜

图 3-20　十二指肠(HE,200×)

(李梦云 供图)

(1)黏膜　黏膜由上皮层、固有层和黏膜肌层构成。小肠黏膜和黏膜下层向肠腔内凸起，形成许多环行皱襞，上皮和固有层向肠腔内凸起形成密集的肠绒毛(图 3-21，图 3-22)。小肠绒毛(intestinal villi)是小肠特有的结构和功能单位。长 0.35～1 mm。上皮构成绒毛的外表面，固有层组成小肠绒毛的轴心。肠绒毛在十二指肠和空肠分布最密，回肠则逐渐减少而变稀。其中十二指肠绒毛中央有 1 条(绵羊有 2 条)盲端粗大的毛细淋巴管，称中央乳糜管。中央乳糜管管径较大，管壁由一层内皮细胞构成，无基膜，通透性大，乳糜微粒和脂类等大分子物质在其内进行运输。环形皱襞、小肠绒毛增加了小肠内表面积，从而增加了与食物接触的面积，有利于对食物进行充分的消化和吸收。

①黏膜上皮　被覆于黏膜绒毛的表面，大部分为单层柱状上皮，其间夹有少量杯状细胞和内分泌细胞。

A. 柱状细胞　因具有吸收功能，故又称吸收细胞。单层排列于小肠绒毛表面，高柱状，底面附着于基膜上，胞核为椭圆形，位于细胞基底部(图 3-21，图 3-22)。柱状细胞胞质内有丰富的线粒体、滑面和粗面内质网等细胞器。细胞顶端有密集排列的微绒毛，HE 染色均质红染，称为纹状缘。纹状缘的存在也大大增加了小肠内表面积，有利于消化和吸收。

B. 杯状细胞　散在于柱状细胞之间，数量较少。细胞上部膨大，下部细窄，呈典型的高脚酒杯状。游离端无微绒毛结构，仅有一层薄的细胞膜。杯状细胞能分泌黏液，有润滑和保护上皮的作用(图 3-21，图 3-22)。

C. 内分泌细胞　散在分布于胃和小肠黏膜上皮细胞之间，细胞呈锥形、卵圆形或者不规则形状。HE 染色不易区分，用银盐和铬盐染色，可见细胞基底部的胞质内含有许多大小不等的颗粒。因此，此类细胞又称为基底颗粒细胞(basal granular cell)或者嗜银细胞(argyrophilic cell)。内分泌细胞可合成分泌肽类或胺类激素，能调节胃、肠运动和腺体的分泌功能。

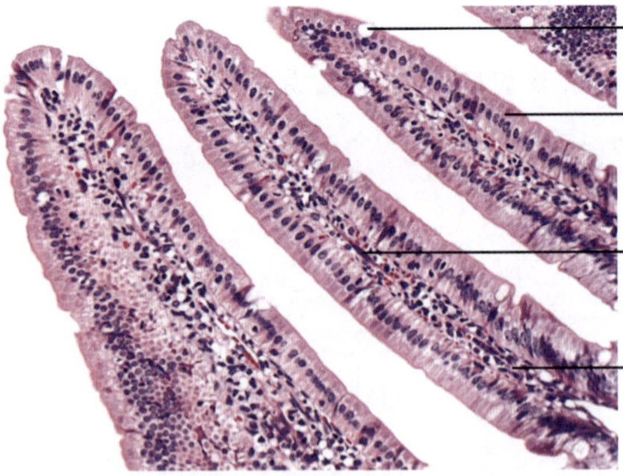

1. 杯状细胞 2. 柱状细胞 3. 平滑肌细胞 4. 固有层

图 3-21 十二指肠绒毛纵切(HE,400×)

(李梦云 供图)

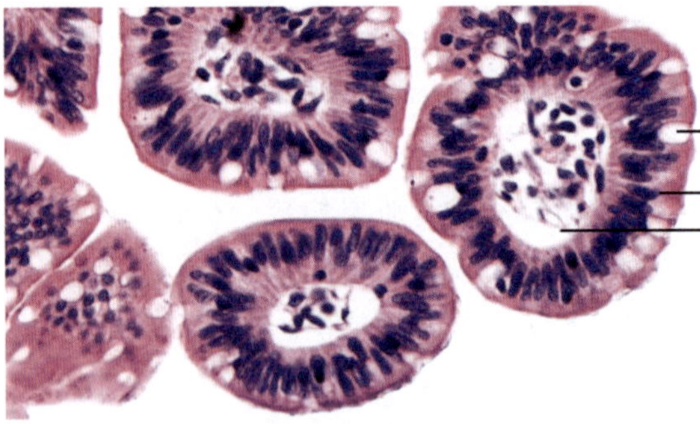

1. 杯状细胞 2. 柱状细胞 3. 固有层

图 3-22 十二指肠绒毛横切(HE,1 000×)

(李梦云 供图)

②固有层 由疏松结缔组织构成,并含有大量的网状纤维,黏膜上皮向固有层内凹陷形成大量的小肠腺结构。另外固有层还含有血管、淋巴管、神经、巨噬细胞、淋巴细胞及淋巴组织等。十二指肠和空肠多为弥散淋巴组织和孤立淋巴小结;回肠多为集合淋巴小结,常伸入到黏膜下层,一部分突入绒毛内形成绒毛轴心,另一部分则伸入肠腺之间(图 3-21,图 3-22)。

小肠腺(intestinal gland)是由肠黏膜上皮下陷到固有层内形成的单管状腺,腺开口于肠绒毛之间的黏膜表面(图 3-23)。小肠腺主要由以下五种细胞组成。

A. 柱状细胞 数量最多,是构成肠腺的主要细胞,结构和小肠黏膜的柱状细胞相似,纹状缘很薄或无。

B. 杯状细胞 其形态和功能同小肠黏膜的杯状细胞。

C. 潘氏细胞(paneth cell) 常三五成群地分布于肠腺底部。细胞较大,呈锥状或柱状;胞核椭圆形,位于细胞基底部;胞质顶端充满大而圆的嗜酸性颗粒,合成和分泌防御素以及溶菌酶等。猪、犬和猫的肠腺内无潘氏细胞。

D. 内分泌细胞 详见小肠上皮细胞。

E.未分化细胞(undifferentiated cell)　分布于肠腺的基部,夹在其他细胞之间。细胞较小,呈矮柱状,胞质嗜碱性。这种细胞为肠上皮干细胞,可不断分裂增殖分化为肠腺细胞和绒毛上皮细胞。

③黏膜肌层　一般由内环、外纵两层平滑肌组成。部分内层平滑肌纤维随固有层伸入肠绒毛内和肠腺之间,收缩时可促进肠绒毛的摆动,有利于对营养物质的吸收和肠腺分泌物的排出。

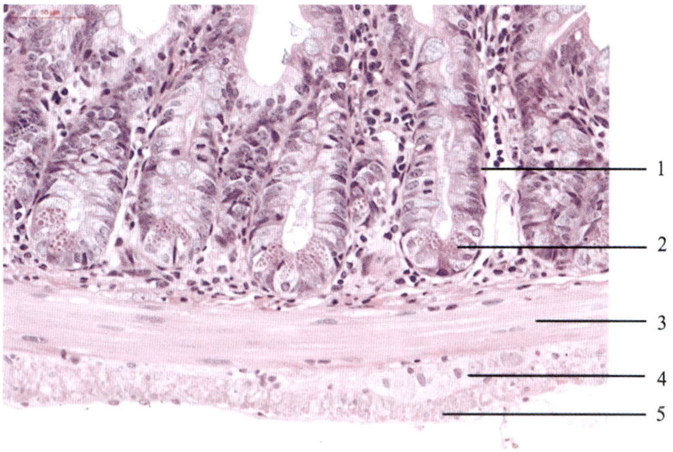

1.小肠上皮细胞　2.潘氏细胞　3.内环肌　4.外纵肌　5.浆膜

图 3-23　回肠(HE,400×)

(李梦云 供图)

(2)黏膜下层　为疏松结缔组织,内有较大的血管、淋巴管、神经和淋巴小结等。在十二指肠的黏膜下层内还有十二指肠腺(duodenal glands)(图 3-24,图 3-25)。

(3)肌层　由内环、外纵两层平滑肌组成(图 3-23)。

(4)浆膜　由结缔组织纤维膜外覆一层扁平上皮构成(图 3-23)。

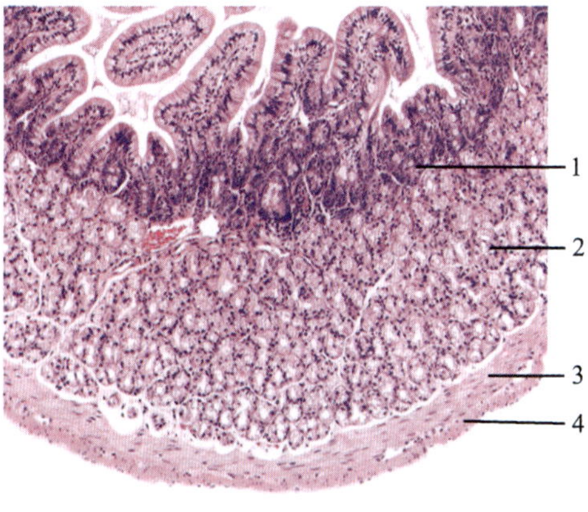

1.小肠腺　2.十二指肠腺　3.肌层　4.浆膜

图 3-24　十二指肠(HE,150×)

(李梦云 供图)

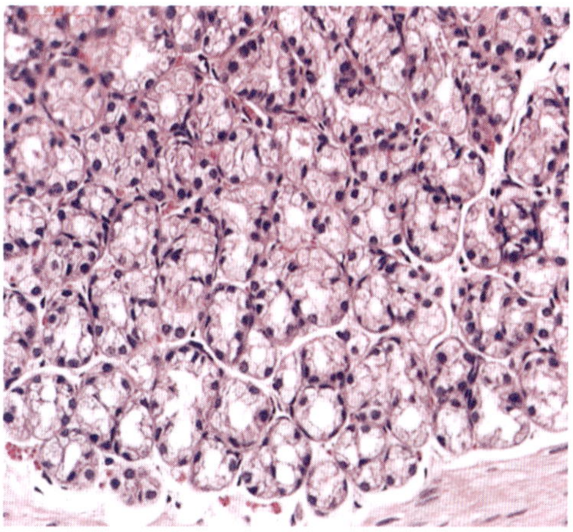

图 3-25　十二指肠腺(HE,400×)

(李梦云 供图)

2. 大肠的组织学结构　大肠壁的构造和小肠壁基本相似,肠壁也是由黏膜、黏膜下层、肌层和浆膜构成(图 3-26,图 3-27)。

(1)黏膜　黏膜表面光滑,没有肠绒毛。上皮中杯状细胞较多,柱状细胞的微绒毛不发达,不形成纹状缘。肠壁黏膜固有层内有排列整齐的大肠腺,在盲肠和结肠黏膜内有较多的淋巴孤结,淋巴集结仅见于升结肠近袢的后部。大肠腺中杯状细胞特别多,无潘氏细胞。大肠腺分泌碱性黏液,可中和粪便发酵的酸性产物。黏膜肌层较发达,由内环、外纵 2 层平滑肌组成。

(2)黏膜下层　由疏松结缔组织构成,其中含有较多的脂肪细胞。此外,还有神经丛、血管和淋巴管等。

(3)肌层　肌层为内环、外纵两层平滑肌层。不同家畜肌层发达程度不同,牛、羊的肌层不形成肌带和肠袋,而猪和马的肌层形成有肌带和肠袋。内环肌在肛门增厚形成肛门内括约肌。

(4)浆膜　直肠的腹膜外部、马盲肠底和右上大结肠外膜为纤维膜,其余部位的外膜均为浆膜。

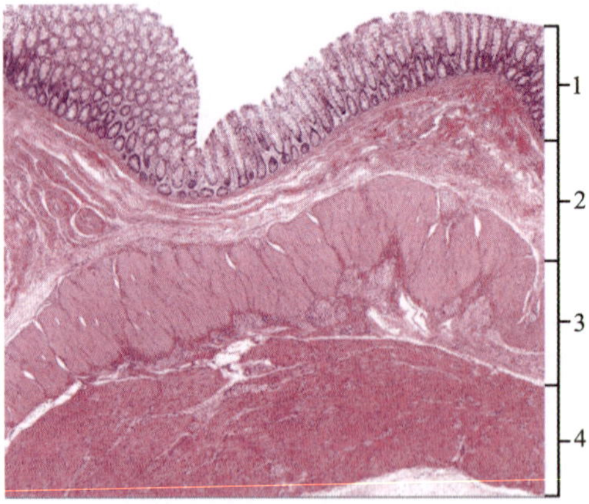

1. 黏膜　2. 黏膜下层　3. 内环肌　4. 外纵肌

图 3-26　直肠(HE,40×)

(朱雪敏 供图)

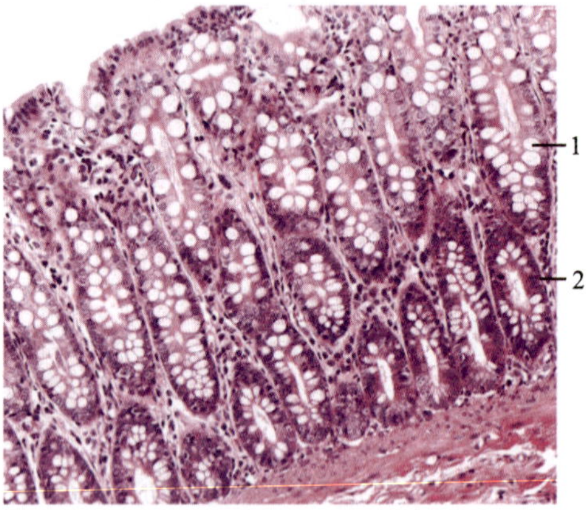

1. 直肠腺上皮杯状细胞　2. 直肠腺泡上皮

图 3-27　直肠(HE,400×)

(朱雪敏 供图)

(七)肝的解剖学结构

肝是体内最大的消化腺。

1. 牛肝的位置及形态　略呈长方形,较厚实,约为体重的 1.2%,因瘤胃挤压而全部位于右季肋部,从第 6、第 7 肋骨下端到第 2、第 3 腰椎腹侧。肝的壁面凸,与膈的右半部相贴;脏面凹,与网胃、瓣胃、皱胃、十二指肠等接触。肝的食管切迹较浅。后腔静脉由肝的背侧缘通过。

2. 肝的分叶　牛肝因无叶间切迹、分叶不明显,但也可由胆囊和浅的脐切迹将肝分为左、中、右三叶(图 3-28)。肝圆韧带切迹和食管压迹之间连线的腹侧为左叶,胆囊背侧为右叶,左、右叶之间为中叶。中叶被肝门分为背侧的尾叶和腹侧的方叶。在尾叶的尾状突和右叶背侧缘有肾压迹。

3. 胆囊　牛胆囊很大,呈梨状,位于肝的脏面。在右叶和中叶之间,大部分与肝粘连,小部分伸至肝腹侧缘之外,有贮存和浓缩胆汁的作用。牛的肝管(hepatic duct)由肝门穿出后,与胆囊管(cystic duct)汇合成一短的输胆管(biliary pore),开口于十二指肠"乙"状弯曲第二曲黏膜乳头上。

肝借左、右冠状韧带和左、右三角韧带与膈相连。镰状韧带与肝圆韧带随年龄的增长而逐渐消失。

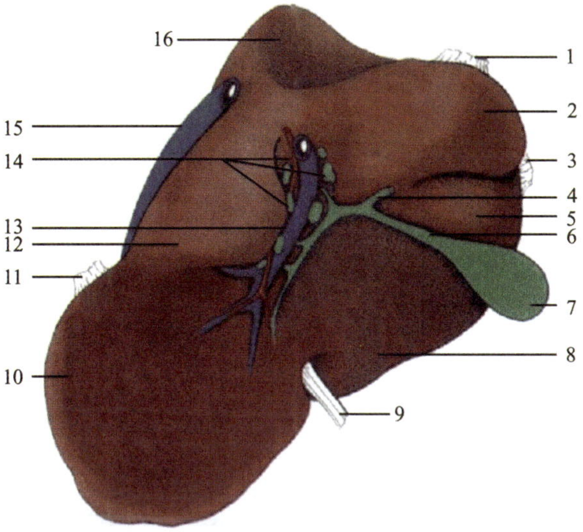

1.肝肾韧带　2.尾状突　3.右三角韧带　4.胆管　5.右叶　6.胆囊管　7.胆囊
8.方叶　9.镰状韧带和圆韧带　10.左叶　11.左三角韧带　12.乳头突
13.门静脉　14.肝动脉和肝门淋巴结　15.后腔静脉　16.肾压迹

图 3-28　牛肝脏面

（引自：陈耀星，刘为民 译，2009）

（八）肝的组织学结构

肝的表面被覆一层浆膜，浆膜在肝门处向肝实质内伸入，将其分成许多棱柱状的肝小叶。肝小叶轮廓的清晰程度因家畜种类不同而异。牛、羊、猪、猫和骆驼的小叶间结缔组织特别发达，肝小叶分界清晰（图 3-29）。而其他动物小叶间结缔组织不发达，肝小叶分界不明显。

1. 肝小叶（hepatic lobule）　是肝的基本结构和功能单位，呈多面棱柱体样，一般高约 2 mm，宽 1 mm，横断面呈不规则的多边形。肝小叶由中央静脉、肝细胞、肝板、肝血窦和胆小管等结构组成（图 3-30）。

（1）中央静脉（central vein）　是肝静脉的终末分支，直径约 50 μm，位于肝小叶的中央，并纵贯其长轴，管壁由一层内皮、少量的平滑肌和结缔组织被膜构成。其管壁不完整，有许多肝血窦的开口，接收来自肝血窦的血液，最后汇入小叶下静脉。

（2）肝细胞（hepatocyte）　呈多面体形，胞体较大，直径 20～30 μm，界限清楚。胞质嗜酸性，胞核大而圆，位于细胞中央（常有双核），核膜清楚，核仁 1～2 个（图 3-31）。

（3）肝板（hepatic plate）　在肝小叶的横断面上，肝细胞以中央静脉为轴心呈放射状排列成索状，称为肝细胞索（hepatic cord）。从立体结构上看，肝细胞呈行排列成不规则的、相互连接的板状结构，称肝板。

（4）肝血窦（hepatic sinusoid）　是位于肝板之间、相互吻合的网状管道。窦腔大小不一，血液从肝小叶周边经血窦汇入中央静脉（图 3-31）。

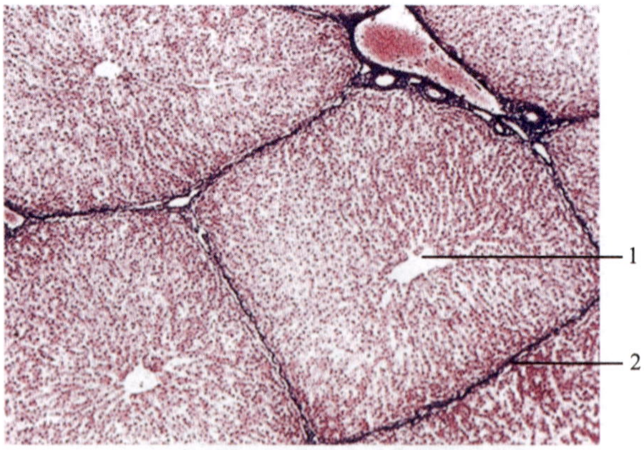

1. 中央静脉　2. 小叶间结缔组织

图 3-29　猪的肝小叶(低倍)

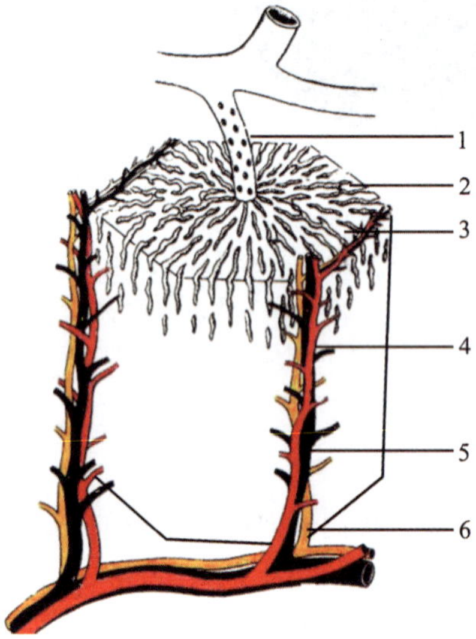

1. 中央静脉　2. 肝索　3. 窦状隙　4. 小叶间动脉　5. 小叶间静脉　6. 小叶间胆管

图 3-30　肝小叶模式图

另外，肝血窦内还散在一种重要的巨噬细胞，称枯否细胞(kupffer's cells)(图 3-31)。该细胞体积较大、形状不规则，常伸出伪足与窦壁相连。枯否细胞属单核吞噬细胞系统的成员之一，其功能为：①吞噬和清除由胃肠道进入门静脉的细菌、病毒和异物；②监视、抑制和杀伤体内的肿瘤细胞(尤其是肝癌细胞)；③吞噬衰老的红细胞和血小板；④处理和传递抗原。

(5)窦周隙(perisinusoidal space)　是肝血窦内皮细胞与肝细胞之间的细小间隙，又称狄氏间隙(Disse space)(图 3-32)。

(6)胆小管(bile canaliculus)　是两个相邻肝细胞之间细胞膜凹陷形成的微细管道，直径 0.5～1.0 μm。胆小管以盲端起始于中央静脉周围的肝板内，也以中央静脉为轴心呈放射状排列，并互相吻合成网，肝细胞分泌的胆汁进入胆小管(图 3-33，图 3-34)。

2. 门管区(portal area)　相邻几个肝小叶之间的结缔组织内，小叶间静脉、小叶间动脉

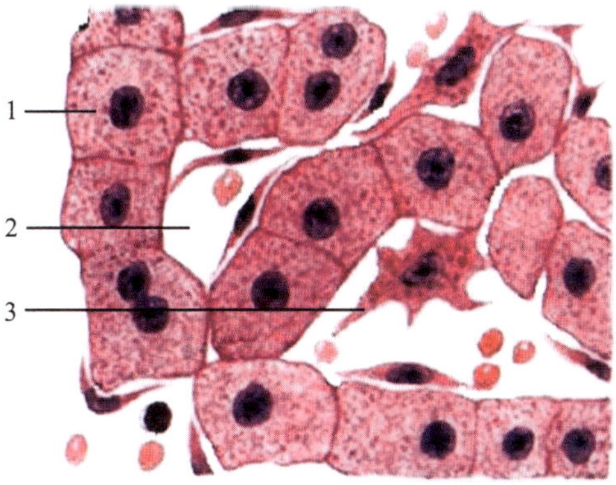

1.肝细胞　2.肝血窦　3.枯否细胞

图 3-31　肝细胞和肝血窦模式图

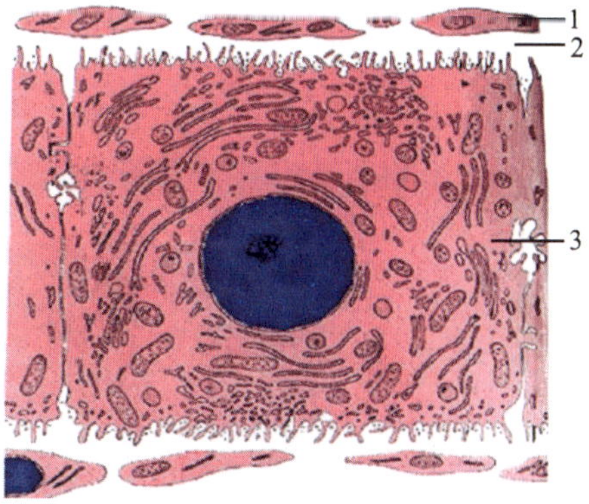

1.内皮细胞　2.窦周隙　3.肝细胞

图 3-32　肝细胞和窦周隙超微结构模式图

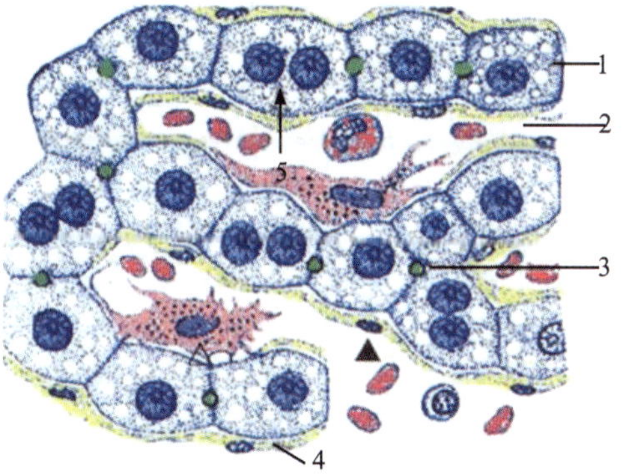

1.肝细胞　2.肝血窦　3.胆小管　4.内皮细胞　5.双核肝细胞

图 3-33　肝细胞、胆小管、肝血窦模式图

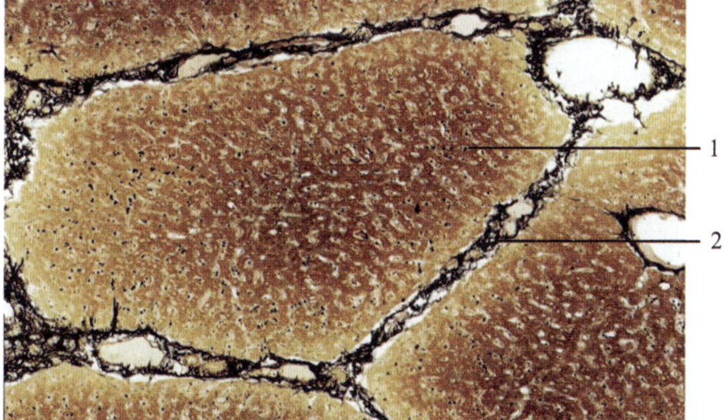

1.胆小管　2.小叶间胆管

图 3-34　猪肝(银染,40×)

(李梦云 供图)

和小叶间胆管所伴行的区域。三种管道中以小叶间静脉的管径最粗,管腔不规则,管壁薄,仅由一层内皮、少量的平滑肌细胞和一薄层结缔组织构成。小叶间动脉管径最细,管壁厚,由一层内皮和数层环行平滑肌构成。小叶间胆管管径狭小,管壁由单层立方上皮构成。在门管区内还有淋巴管和神经伴行(图 3-35)。

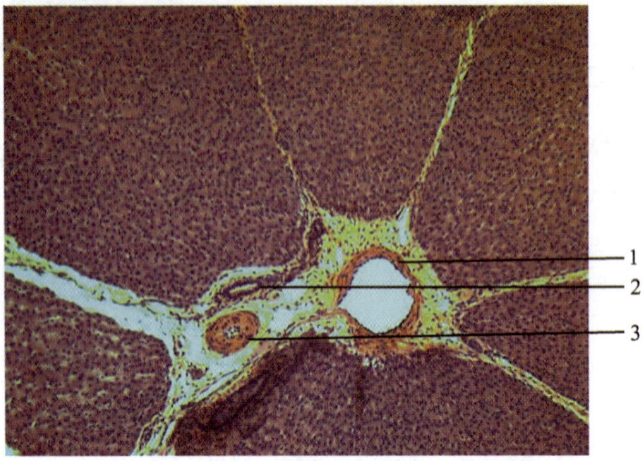

1. 小叶间静脉　2. 小叶间胆管　3. 小叶间动脉

图 3-35　猪肝门管区

(九)胰的解剖学结构

胰是重要的消化腺,兼有内分泌的功能。由外分泌部和内分泌部两部分组成。外分泌部占腺体的大部分,属消化腺,分泌胰液。内分泌部称胰岛,分泌胰岛素和胰高血糖素。胰通常呈淡红灰色或淡黄色,柔软,有明显的小叶结构,与唾液腺相似。各种家畜胰的形状、大小差异很大,但都位于十二指肠袢内,其导管通常有 1～2 条,直接开口于十二指肠(图 3-36)。

(十)胰的组织学结构

胰(pancreas)　胰表面有结缔组织被膜,被膜伸入胰实质内部将胰分为很多小叶。胰小叶是胰的结构和功能单位,分别由外分泌部和内分泌部构成(图 3-37)。

1. 外分泌部(exocrine portion)　构成胰实质的绝大部分,为复管泡状腺,分腺泡和导管两部分(图 3-38)。

(1)腺泡　呈泡状或管状,腺泡腔很小,由单层的浆液性腺细胞组成。腺细胞呈锥体形,胞核大而圆,位于细胞基部。细胞基部呈较强的嗜碱性。胞质顶部有许多圆形或卵圆形、嗜酸性的酶原颗粒,HE 染色时呈红色。

(2)导管　包括闰管、小叶内导管、小叶间导管和胰管。腺泡以泡心细胞与闰管相连,闰管长而细,由单层扁平上皮围成。小叶内导管为单层立方上皮。在小叶间结缔组织内,若干小叶内导管汇成小叶间导管,最后形成 1～2 条胰管,开口于十二指肠将胰液导入;小叶间导管管壁上皮也由单层低柱状变为高柱状,并夹有散在的杯状细胞和内分泌细胞。导管上皮能分泌大量的水和钠、钾、重碳酸盐等多种物质,参与胰液的组成。

2. 内分泌部(endocrine portion)　为散布在外分泌部腺泡之间的圆形或卵圆形细胞团,形

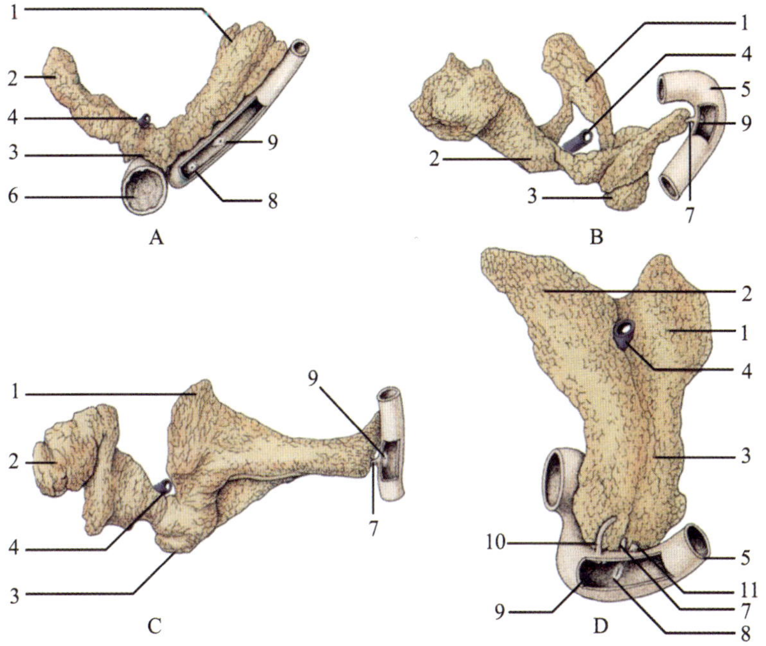

A.犬　B.猪　C.牛　D.马

1.胰右叶　2.胰左叶　3.胰体　4.门静脉　5.十二指肠　6.幽门　7.胰管

8.十二指肠大乳头　9.十二指肠小乳头　10.副胰管　11.胆管

图 3-36　家畜胰的形态

(引自:陈耀星,刘为民 译,2009)

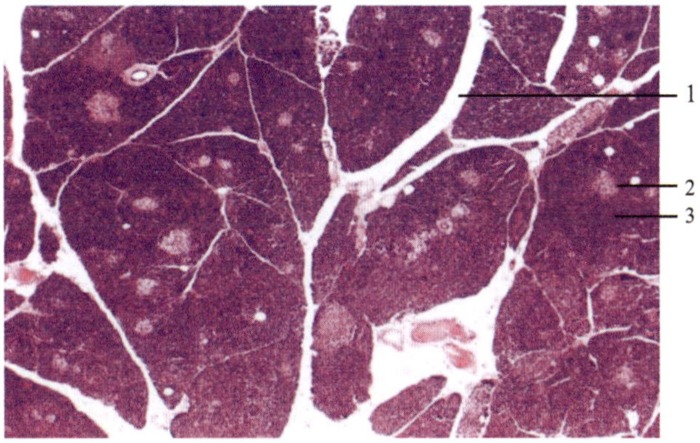

1.胰小叶间结缔组织　2.胰岛　3.外分泌部腺泡

图 3-37　胰(HE,40×)

如岛屿,称胰岛(pancreas islet)(图 3-39)。胰岛细胞呈不规则索状排列,细胞间有丰富的有孔毛细血管,有利于激素渗透。胰岛细胞分泌胰岛素和胰高血糖素,参与调节血糖代谢。胰岛细胞在 HE 染色标本中,着色淡,各类细胞不易区分。用马劳瑞-埃赞(Mallory-Azan)法染色,可

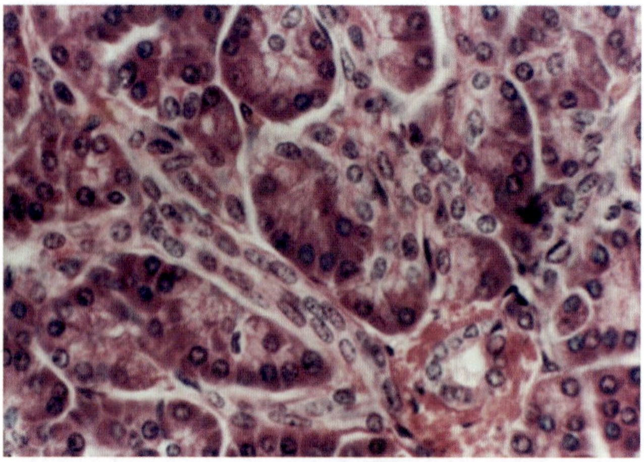

图 3-38 胰外分泌部(HE,400×)

见以下几种胰岛细胞。

(1)A 细胞(α 细胞) 多分布于胰岛的周围部,占胰岛细胞总数的 20%左右。细胞胞体较大,胞质内的颗粒粗,染成鲜红色。A 细胞分泌胰高血糖素,有促进糖原分解、升高血糖的作用。

(2)B 细胞(β 细胞) 多分布于胰岛的中央部,占胰岛细胞总数的 75%左右。胞体略小,胞质内的颗粒细小,染成橘黄色。B 细胞分泌胰岛素,故又称为胰岛素细胞,与 A 细胞分泌的胰高血糖素作用相反,有促进糖原合成和降低血糖的作用。

(3)D 细胞(δ 细胞) 多数散在于 A、B 细胞之间,数量较少,占胰岛细胞总数的 5%。胞质内含有大量蓝色颗粒。D 细胞分泌生长抑素,有抑制 A、B 细胞和 PP 细胞分泌的作用。

(4)PP 细胞(D_2) 数量很少,分泌的胰多肽,具有抑制胰液分泌和胃肠蠕动的作用。

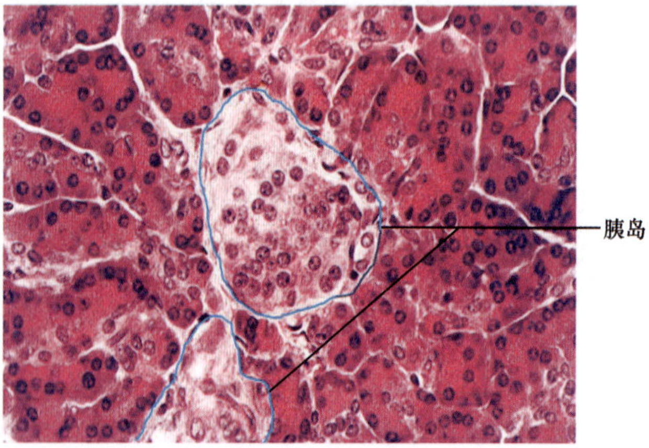

图 3-39 胰内分泌部(HE,400×)

二、作业

1. 试述家畜消化系统的器官组成及其功能。
2. 试述牛四个胃的位置、形态、黏膜结构特点及出入口名称。
3. 叙述小肠和大肠的分界标志。
4. 详细描述单室胃、小肠和肝的组织学结构特点。

实验四　呼吸系统

一、目的与要求

1. 了解呼吸的过程。
2. 了解鼻腔和喉的形态和构造。
3. 掌握气管和肺脏的组织结构。

二、实验内容与实验方法

呼吸系统由鼻、咽、喉、气管、支气管、肺、胸腔和胸膜腔等辅助器官组成。呼吸主要靠呼吸系统来实现的，但与心血管系统存在密切的联系。其中，鼻、咽、喉、气管和支气管组成呼吸道，是气体出入的通道。鼻、咽、喉组成上呼吸道，气管和支气管组成下呼吸道。肺内分布有大量薄壁的肺泡，表面积很大，进行气体交换。

(一)鼻腔

鼻腔以面骨为支架，内覆盖鼻黏膜。鼻腔被鼻中隔分成左、右两个鼻腔。每个鼻腔被鼻甲骨分为 4 个鼻道，分别为：上鼻道、中鼻道、下鼻道和总鼻道(图 4-1、图 4-2)。

图 4-1　犬鼻

(司丽芳 供图)

(二)喉

由喉软骨、喉肌和喉黏膜构成。

1. 喉软骨　喉软骨有 4 种 5 块，由环状软骨、甲状软骨、会厌软骨和成对的杓状软骨(图 4-3)构成。

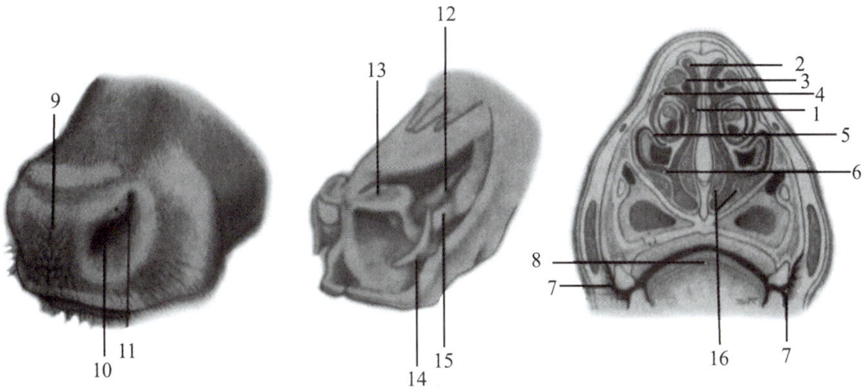

1. 总鼻道　2. 上鼻道　3. 上鼻甲　4. 中鼻道　5. 下鼻甲　6. 下鼻道　7. 口腔前庭
8. 舌圆枕　9. 鼻唇镜　10. 鼻孔　11. 翼沟和鼻翼　12. 内侧副鼻软骨
13. 背外侧鼻软骨　14. 外侧副鼻软骨　15. 腹外侧鼻软骨　16. 静脉丛

图 4-2　牛外鼻和鼻腔示意图

（引自：Budras et al.，2003）

(1)环状软骨　呈指环形，分为背侧板和腹侧弓。构成喉的喉后口和顶壁。

(2)甲状软骨　呈弯曲的板状，分为腹侧的甲状软骨体和左、右甲状软骨侧板。构成喉的底壁。

(3)会厌软骨　呈无柄的树叶状。构成喉口的底壁，会厌翻转关闭喉口，防止食物误入气管。

(4)杓状软骨　2 块，呈三角锥体形，构成喉口的后侧壁。

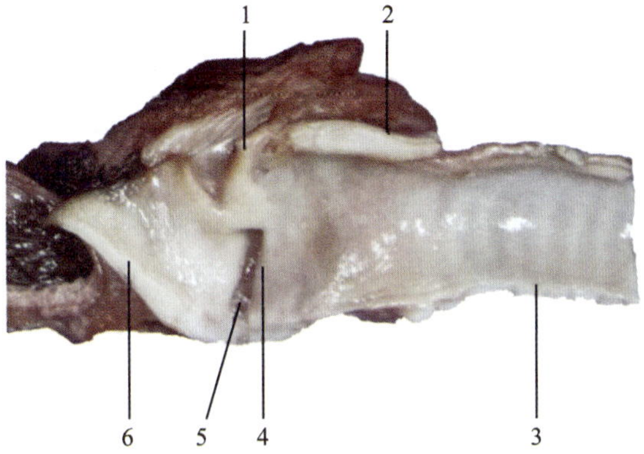

1. 杓状软骨　2. 环状软骨　3. 气管　4. 声带　5. 喉室　6. 会厌软骨

图 4-3　犬的喉软骨剖面

（司丽芳 供图）

2. 喉肌　属于横纹肌，可分为外来肌和固有肌两群。外来肌有胸骨甲状肌和舌骨甲状肌等；固有肌均起止于喉软骨。

3. 喉黏膜　被覆于喉腔内的黏膜。喉腔中部的侧壁有 1 对明显的黏膜褶，称为声带。在两侧声带之间形成的狭窄裂隙，称为声门裂。

(三)气管

气管与支气管的管壁由黏膜、黏膜下层和外膜构成,含有气管软骨。

1. 黏膜　包括黏膜上皮和固有层(图 4-4)。

(1)黏膜上皮　是假复层柱状纤毛上皮,基膜较厚,上皮细胞分为 5 种类型:即纤毛细胞、杯状细胞、基细胞、刷细胞和小颗粒细胞。

(2)固有层　为富含弹性纤维的疏松结缔组织,并分布较多的浆细胞和弥散淋巴组织,具有局部免疫功能,抑制病原微生物的繁殖和病毒的复制。

2. 黏膜下层　为富含胶原纤维的疏松结缔组织,与固有层和外膜均无明显分界,含有血管、淋巴管、神经、淋巴组织和气管腺。

3. 外膜　最厚,由透明软骨环和致密结缔组织构成,又称软骨纤维膜。透明软骨环缺口处有平滑肌束。

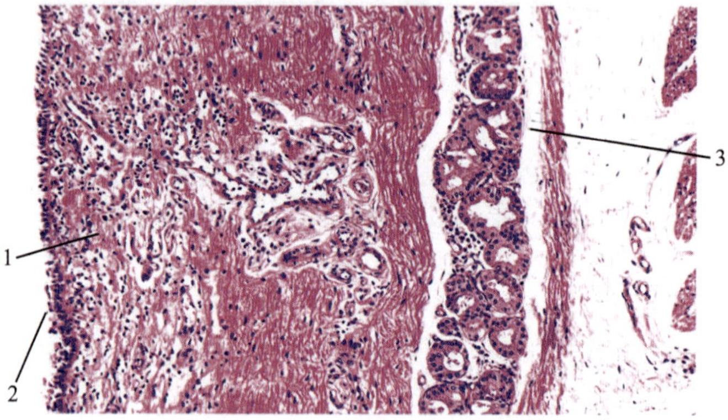

1. 固有层　2. 黏膜上皮　3. 气管腺

图 4-4　牛气管黏膜(HE,40×)

(司丽芳 供图)

(四)肺

肺为粉红色,呈海绵状,质轻而柔软,富有弹性,呈锥体形(图 4-5)。

1. 位置和形态　肺位于胸腔内,在纵隔两侧,分左、右 2 个肺,一般右肺略大。健康动物的肺光滑、湿润,轻而柔软有弹性。

2. 构造　家畜的肺有 3 个面、3 个缘和分叶。肺门是支气管、血管、淋巴管和神经出入肺的地方。

(1) 3 个面

肋面　与胸腔侧壁接触,有肋压迹。

膈面　与膈相贴。

纵隔面　与纵隔相接触,有肺门。

(2) 3 个缘

背侧缘　钝而圆。

腹侧缘　有心切迹。

底缘　薄而锐。

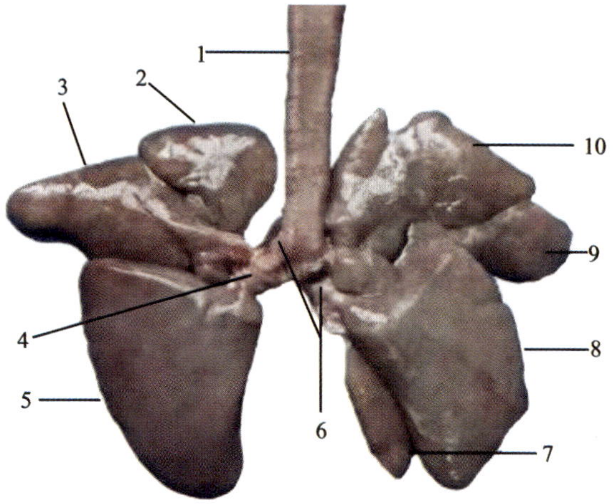

1.气管　2.前叶前部　3.前叶后部　4.支气管　5.后叶　6.淋巴结
7.副叶　8.后叶　9.中叶　10.前叶

图 4-5　犬肺背侧观

(司丽芳 供图)

(3)肺的分叶

牛、羊的肺　分叶明显,左肺分 3 个叶,分为尖叶、心叶和膈叶。右肺分 4 个叶,多出 1 个副叶,另外尖叶又分前部和后部。

猪肺分叶　左肺分 3 个叶,分为尖叶、心叶和膈叶。右肺分 4 个叶,多出 1 个副叶。

马肺分叶　左肺分 2 个叶,分为尖叶和心膈叶。右肺分 3 个叶,多出 1 个副叶。

3.肺的组织结构　肺的表面被覆一层浆膜,浆膜下的结缔组织伸入实质,将实质分成许多肺小叶和肺间质。肺小叶呈锥体形,锥底朝肺表面,锥尖朝肺门。肺小叶包括导气部和呼吸部,间质为结缔组织、血管、神经和淋巴导管等。

(1)导气部　包括各级小支气管、细支气管和终末细支气管。肺导气部的各段气管随支气管的不断分支,管径逐渐变小,管壁变薄,结构愈趋简单。其管壁结构的规律性变化表现为三少一多或三无一多,即杯状细胞、腺体和软骨片逐渐减少至消失,平滑肌逐渐增多形成完整的环形层。肺导气部无气体交换功能。

小支气管　管壁结构与支气管相似,由黏膜层、黏膜下层和外膜构成。上皮是假复层柱状纤毛上皮,上皮之间有杯状细胞,其数量逐渐减少。固有层很薄,分布有弥散淋巴组织,外侧的平滑肌逐渐增多,由平滑肌束逐渐变成环状。黏膜下层内的腺体逐渐减少。外膜内软骨是不规则的片状,不断减少(图 4-6,图 4-7)。

细支气管　黏膜常见皱襞,上皮为单层柱状纤毛上皮,杯状细胞、软骨片和腺体基本消失,但仍有零星分布,环形平滑肌相对增多,形成较为完整一层。

终末细支气管　黏膜皱襞逐渐消失,上皮为单层柱状纤毛上皮。杯状细胞、软骨片和腺体均完全消失,平滑肌形成完整一层(图 4-8)。

(2)呼吸部　包括呼吸性细支气管、肺泡管、肺泡囊和肺泡。呼吸性细支气管有肺泡开口;肺泡管上有较多的肺泡囊和肺泡开口;肺泡囊是几个肺泡所围成的囊腔;肺泡为半球形或多面体囊泡,表面为单层肺泡上皮,下方为基膜。

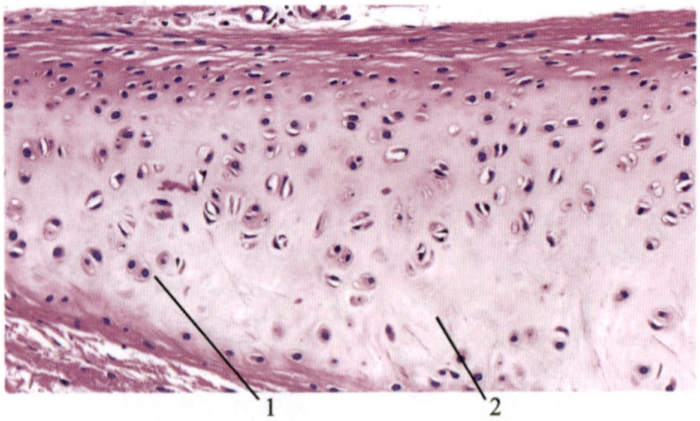

1.软骨细胞 2.软骨基质

图 4-6 牛气管软骨(HE,400×)

(司丽芳 供图)

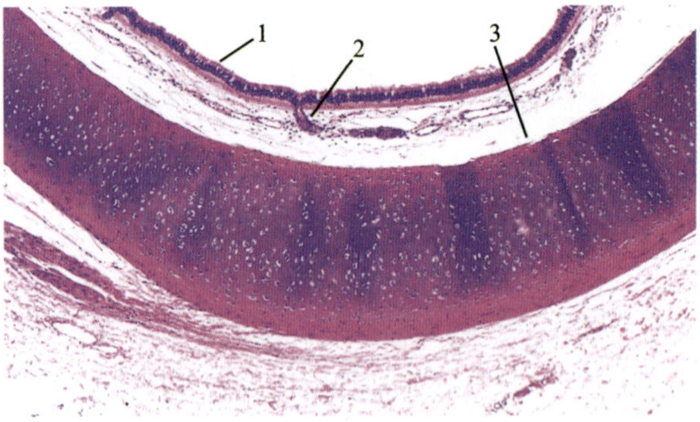

1.黏膜上皮 2.气管腺 3.气管软骨

图 4-7 猫小支气管(HE,100×)

(司丽芳 供图)

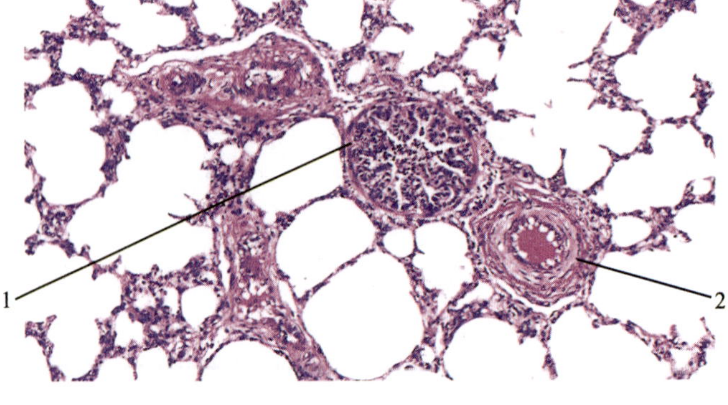

1.终末细支气管 2.小动脉

图 4-8 牛肺(HE,200×)

(司丽芳 供图)

肺泡上皮由Ⅰ型和Ⅱ型肺泡细胞组成(图 4-9)。相邻肺泡壁相贴形成肺泡隔。Ⅰ型肺泡细胞数量比Ⅱ型肺泡细胞少,但覆盖肺泡表面绝大部分,细胞大而扁薄,细胞核扁圆,构成血-气屏障。Ⅱ型肺泡细胞数量多,胞体小,呈立方形或圆形,细胞核圆形,嵌于Ⅰ型肺泡细胞之间,对受损的肺泡上皮进行修复。肺泡隔位于相邻肺泡之间的薄层结缔组织,隔内有丰富的毛细血管网、大量弹性纤维和尘细胞。

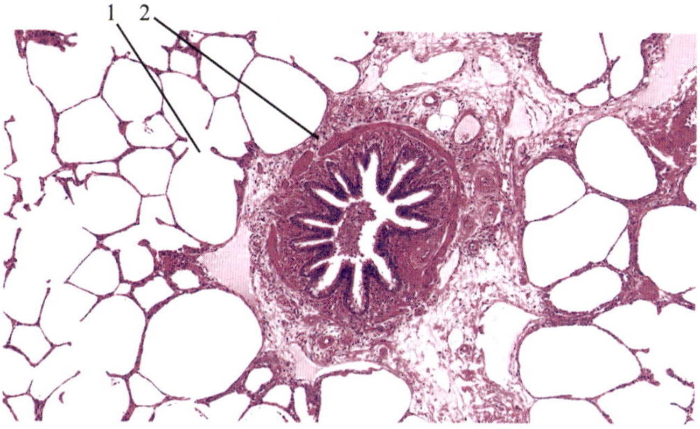

1.肺泡　2.细支气管

图 4-9　猪肺(HE,100×)

(司丽芳 供图)

三、作业

1.为什么鼻炎能引起鼻旁窦发炎?

2.鸡和犬肺的分叶有何不同?

3.绘图说明喉软骨的构成。

4.叙述肺呼吸部组织学结构。

实验五 泌尿系统

一、目的与要求

1. 熟记猪、牛、羊等动物的泌尿器官名称。
2. 掌握猪、牛、羊泌尿器官的位置、形态结构特点，了解结构与功能的关系。
3. 根据肾叶联合程度不同，了解动物肾的分类。
4. 掌握肾、膀胱的组织学结构特点。
5. 了解膀胱、输尿管的组织学结构与功能的关系。

二、实验内容与实验方法

泌尿系统包括肾、输尿管、膀胱、尿道(图 5-1)。

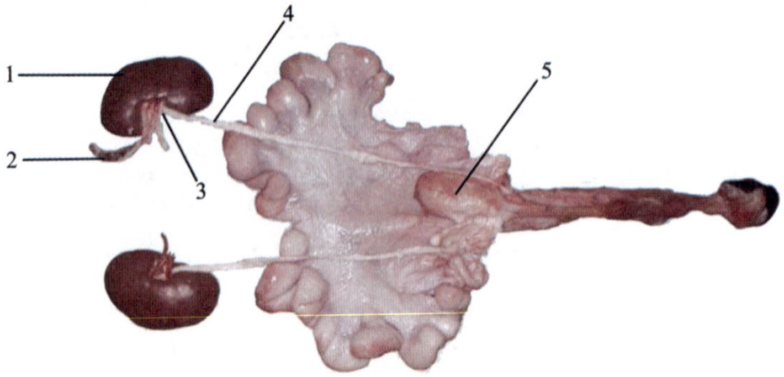

1. 肾　2. 肾上腺　3. 肾门　4. 输尿管　5. 膀胱

图 5-1　母猪泌尿器官腹侧观

(引自:王会香,2008)

(一)猪肾的解剖学结构

图 5-2　猪肾(平滑多乳头肾)表面

猪肾属于平滑多乳头肾(图 5-2)。左、右各一，均呈豆状，较长扁，健康肾呈枣红色，位于最后胸椎及前 3 腰椎腹面两侧缘；左右肾几乎对称；肾的表面包有致密结缔组织构成的纤维膜，称为被膜。被膜内部为肾实质结构。肾的内侧缘中部凹陷为肾门(hilus renalis)，是肾的血管、淋巴管、神经和输尿管进出之处(图 5-3)。进出肾门的这些结构被结缔组织包裹合称肾蒂。将肾从肾门纵行切开，可见肾门向内通肾窦(sinus renalis)，肾窦是由肾实质围成的腔隙，内有肾盂、肾盏、血管、淋巴管和脂肪。剖开其中一个肾,观察肾的内部结构,包括浅层的皮质、深层的髓质以及肾乳头和肾盂等结构(图 5-4)。

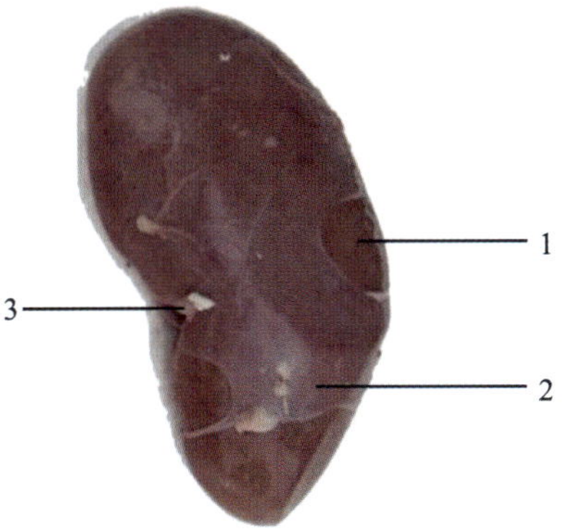

1.肾实质　2.肾被膜　3.肾门

图 5-3　猪肾表面结构

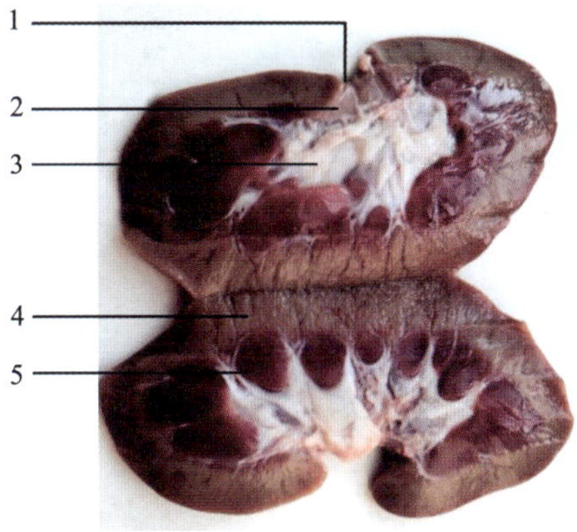

1.肾门　2.肾窦　3.肾盂　4.肾皮质　5.肾髓质

图 5-4　猪肾内部结构

(李梦云 供图)

(二)牛肾的解剖学结构

牛肾属于有沟多乳头肾(图 5-5),左右肾结构稍有差异。右肾呈上下略扁的长椭圆形,位于第 12 肋间隙至第 2 或第 3 腰椎横突的腹侧。前端位于肝的肾压迹内。肾门位于肾腹侧面的前部,接近内侧缘。左肾呈三棱形,前端较小,后端大而钝圆,可分为 3 个面:背侧面隆凸,与腹腔顶壁接触;腹侧面接肠管;前端外侧面小而平直,与瘤胃相接。因此,当瘤胃充盈而占据腹腔左侧位置时,左肾可被挤压而横过体正中线到右侧,位于右肾的后下方。瘤胃空虚时,则左肾的一部分仍位于左侧,初生犊牛右肾略靠前,但左、右肾位置接近于对称。剖开牛肾可见肾叶明显,浅层为皮质,深层为髓质。髓质内肾锥体较明显,肾乳头大部分单独存在,个别为两个乳头合并成一个较大的乳头。每个肾乳头对着一个肾小盏,几个肾小盏汇合成前后两条集收管,两条集收管最终汇合形成输尿管(图 5-6,图 5-7)。

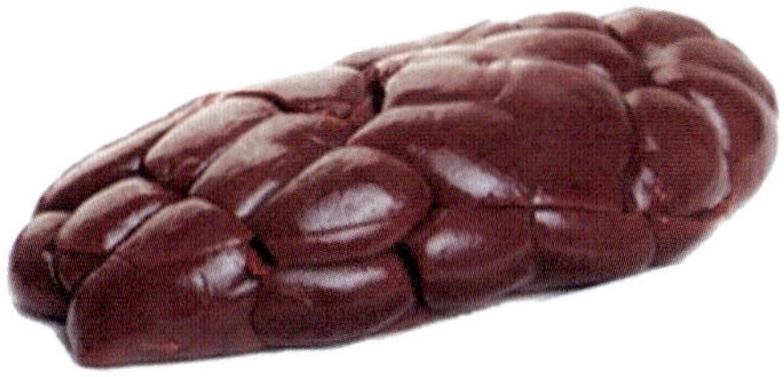

图 5-5　牛肾(有沟多乳头肾)表面

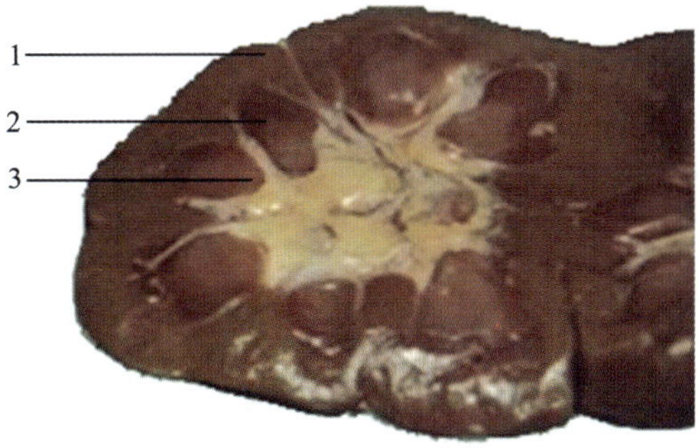

1.皮质　2.髓质　3.肾乳头

图 5-6　牛肾(有沟多乳头肾)剖面

(三)马肾的解剖学结构

马肾属于平滑单乳头肾。右肾呈钝角三角形,位于最后 2、3 肋骨椎骨端及第 1 腰椎横突的腹侧。右肾前端与肝相接,在肝上形成明显的肾压迹。左肾呈豆形,较右肾略小,位于最后肋骨和前 2 或 3 个腰椎横突的腹侧。

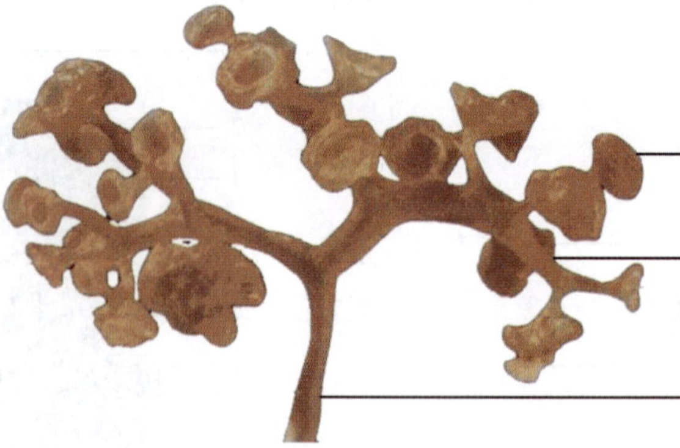

1.肾小盏 2.集收管 3.输尿管

图 5-7 牛的输尿管起始部集收管和肾小盏的铸型

(引自:陈耀星,刘为民 译,2009)

肾门位于肾内侧缘中部。在切面上观察,可见皮质与髓质间有深红色的中间区。在中间区可明显地看到一些大血管的断面。肾锥体和肾柱明显,肾乳头融合成嵴状的肾总乳头,突入肾盂中。肾盂呈漏斗状,中部宽阔,直接输尿管(图 5-8)。

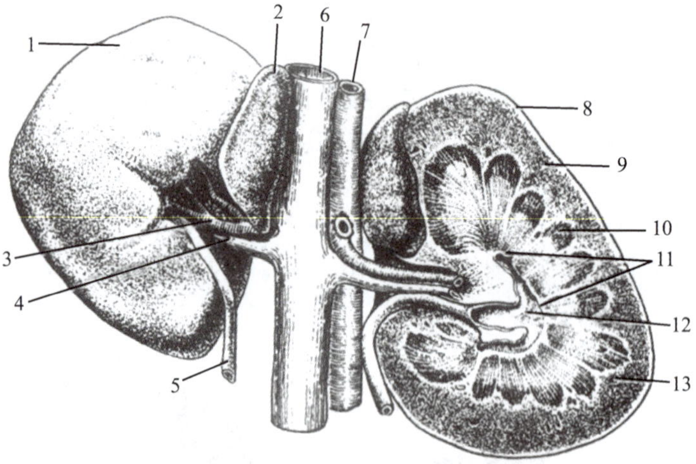

1.右肾 2.右肾上腺 3.肾动脉 4.肾静脉 5.输尿管 6.后腔静脉 7.腹主动脉
8.左肾 9.皮质 10.髓质 11.肾总乳头 12.肾盂 13.弓状血管

图 5-8 马肾(腹侧面,左肾剖开)

(四)羊肾和犬肾的解剖学结构

羊肾和犬肾均属于平滑单乳头肾(图 5-9 至图 5-11)。两侧肾均呈豆形,羊的右肾位于最后肋骨至第 2 腰椎下,左肾在瘤胃背囊的后方,第 4～5 腰椎下。犬的右肾位置比较固定,位于前 3 个腰椎椎体下的腹侧,有的前缘可达最后胸椎。左肾位置变化较大,当胃近于空虚时,肾的位置相当于 2～4 腰椎椎体腹侧。若胃内食物充满时,左肾向后移,其前端约与右肾后端相对应。羊和犬的肾除在中央纵轴为肾总乳头突入肾盂外,在总乳头两侧尚有多个肾嵴。肾盂除有中央的腔外，并形成相应的隐窝(recessus terminales)，隐窝为肾盂向肾的两端伸延形成裂隙状结构。

图 5-9　羊肾(平滑单乳头肾)表面

图 5-10　羊肾(平滑单乳头肾)剖面

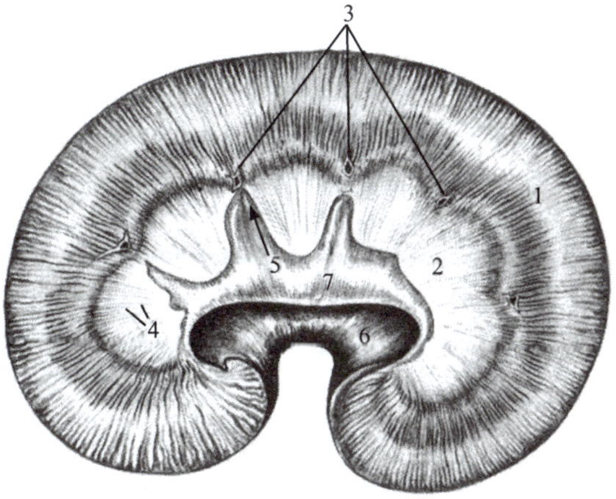

1.皮质　2.髓质　3.弓状动脉　4.收集管　5.肾盂隐窝　6.肾窦　7.肾嵴

图 5-11　犬肾剖面模式图

(五)肾的组织学结构

1.低倍镜观察　肾的组织学结构包括被膜和实质两部分(图 5-12)。

(1)被膜　是包在肾外表面的结缔组织膜。被膜分为内、外两层，外层为致密结缔组织，含有较多的胶原纤维和弹性纤维，内层由疏松结缔组织构成，含有少量的平滑肌纤维。

(2)实质　实质包括浅层的皮质和深层的髓质(图 5-13)。普通光镜下观察，肾实质主要由大量的泌尿小管(uriniferous tubule)和少量的间质组成。泌尿小管包括肾单位和集合小管两部分。

2.高倍镜观察

(1)肾单位(nephron)　是肾的结构和功能单位，由肾小体和肾小管组成。肾小体基本都位于肾的皮质区。肾小体位于皮质浅层的肾单位称为皮质肾单位，位于皮质深层靠近髓质部位的肾单位称为髓旁肾单位。

①肾小体(renal corpuscle)　是肾单位的起始部，位于皮质内，呈球形，由血管球(也叫肾小球，glomerulus)和肾小囊(renal capsule)两部分组成。肾小体的一侧是血管球的血管出入处，称为血管极；血管极的对侧为尿极，是肾小囊与肾小管连接处(图 5-14，图 5-15)。

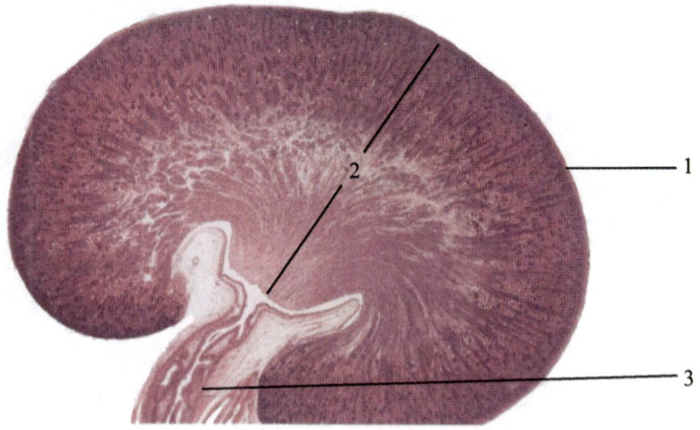

1. 被膜　2. 实质　3. 输尿管

图 5-12　犬肾组织结构图 (HE,20×)

(引自:陈耀星,刘为民 译,2009)

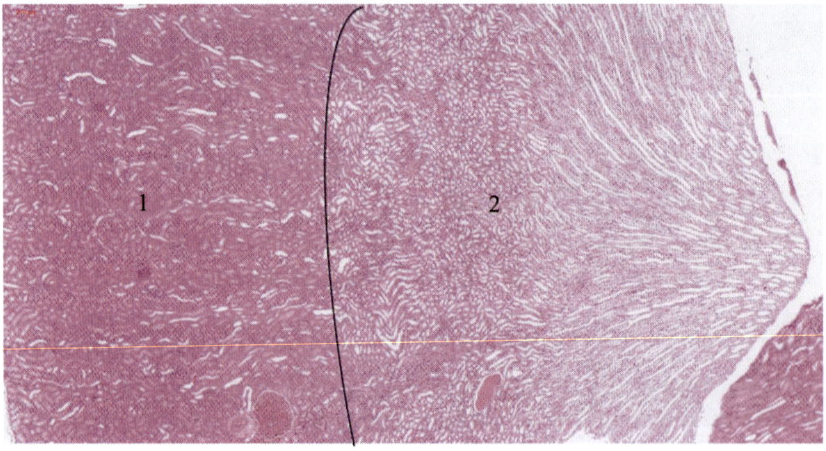

1. 皮质　2. 髓质

图 5-13　肾实质 (HE,100×)

(李梦云 供图)

肾小球(glomerulus)　是一团盘曲的毛细血管,因此也叫血管球,包裹在肾小囊内。入球微动脉由血管极进入肾小体,分成数小支,每个小支再分成许多相互吻合的毛细血管袢。这些毛细血管袢又逐步汇合成一支出球微动脉,从血管极离开肾小体。入球微动脉比出球微动脉短而粗,从而使血管球内保持较高的血压;同时,构成血管球的毛细血管属于有孔毛细血管,孔径 50～100 nm,孔上无隔膜封闭,这易于水和小分子物质通过滤过膜到肾小囊内,形成原尿。

肾小囊(renal capsule)　是肾小管起始端膨大凹陷形成的双层杯状囊。囊壁分壁层和脏层,两层间有一狭窄的腔隙称肾小囊腔,腔内容纳血管球滤出的原尿(图 5-16)。

②肾小管(renal tubule)　是由单层上皮围成的细长而弯曲的小管,起始端与肾小囊腔相通,最后与集合小管相连接,包括近端小管、细段和远端小管,主要具有重吸收和排泄作用(图 5-17)。

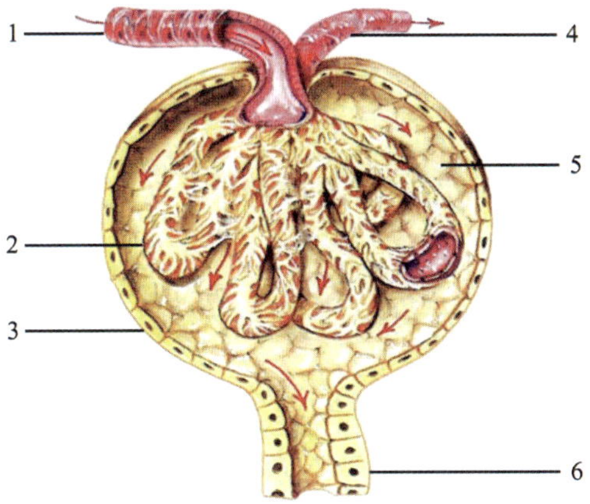

1. 入球微动脉　2. 血管球　3. 肾小囊壁层　4. 出球微动脉
5. 肾小囊腔　6. 近端小管

图 5-14　肾小体模式图

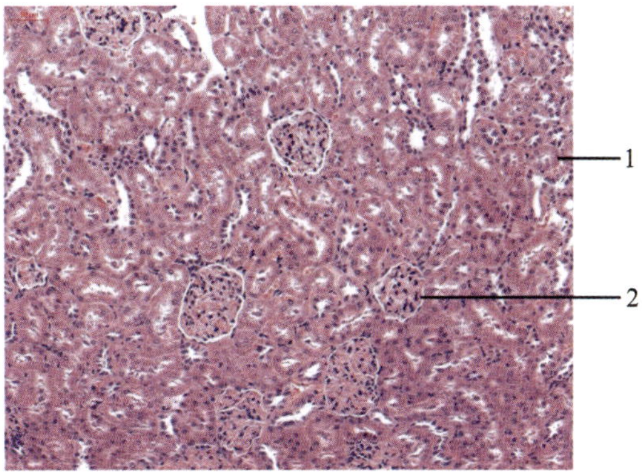

1. 肾小管　2. 肾小体

图 5-15　猪肾皮质(HE,200×)

(李梦云 供图)

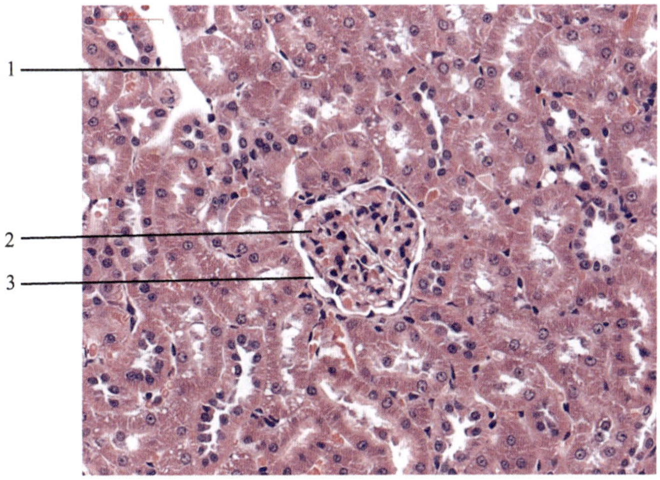

1. 肾小管　2. 肾小球　3. 肾小囊腔

图 5-16　猪肾皮质 (HE,400×)

(李梦云 供图)

近端小管(proximal tubule)　上皮细胞呈立方形或锥体形,细胞界限不清,细胞游离缘有发达的微绒毛结构,有利于肾小管的重吸收功能,这些微绒毛 HE 染色时,均质红染,称为刷状缘。细胞质嗜酸性强,伊红染色较深;细胞核大而圆,苏木精着色淡,位于细胞基底部。总之,肾做成的石蜡切片 HE 染色时,近曲小管细胞质伊红染色较深,因刷状缘的存在而导致管腔虽大但不清晰(图 5-17,图 5-18)。

细段(thin segment)　近端小管直部进入髓质后,管的口径突然变细,称为细段。细段管壁细胞为单层扁平上皮,胞质很少,着色浅,胞核呈椭圆形突向管腔中。电镜下可见细胞的游离缘有少量不规则的微绒毛,细胞有许多侧突与相邻细胞的侧突交错嵌合(图 5-17,图 5-19)。细段上皮薄,有利于水分子及离子的透过,主要功能是重吸收水分,使尿液浓缩。

远端小管(distal tubule) 上皮细胞呈立方形或矮柱状,细胞排列紧密,胞质着色较浅,细胞核圆形,位于近腔面。细胞游离缘微绒毛较少,没有形成刷状缘结构,因此,远端小管管腔清晰可见(图 5-17 至图 5-19)。远端小管有重吸收钠和排钾的功能,还能继续吸收原尿中的水分并进一步浓缩尿液。

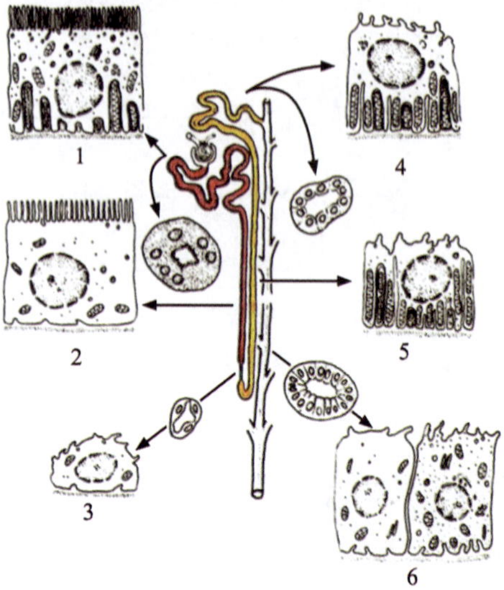

1.近端小管曲部细胞 2.近端小管直部细胞 3.细段细胞 4.远端小管曲部细胞 5.远端小管直部细胞 6.集合管细胞

图 5-17 肾小管各段结构模式图

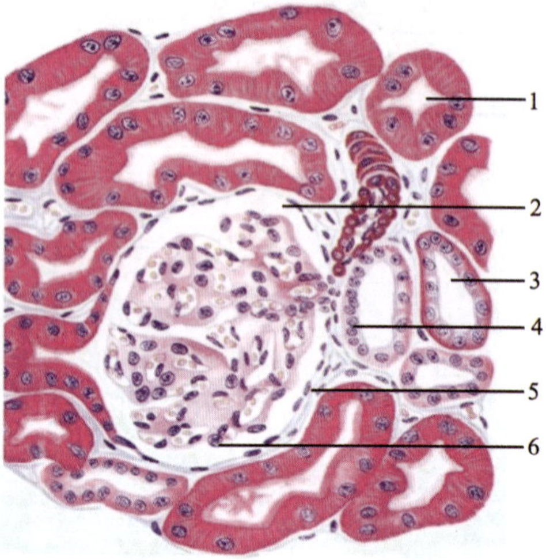

1.近端小管 2.肾小囊腔 3.远端小管 4.致密斑 5.肾小囊壁层 6.肾小囊脏层

图 5-18 肾皮质结构模式图

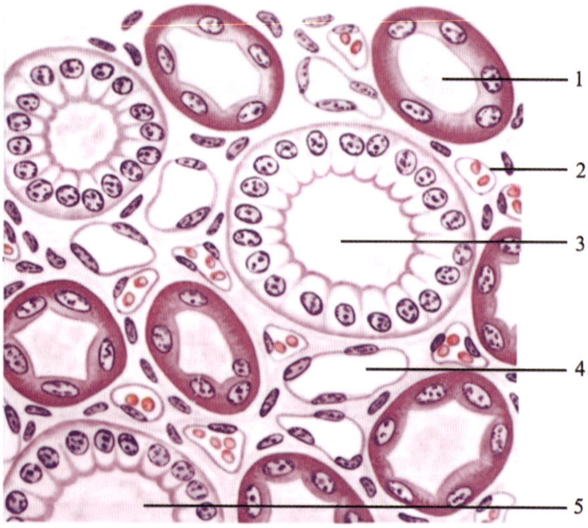

1.近端小管 2.毛细血管 3.集合小管 4.细段 5.远端小管

图 5-19 肾髓质模式图

(2)集合管(collecting tubule) 集合管由弓形集合小管、直集合小管和乳头管三部分构成。弓形集合小管起始端与远端小管曲部相连，呈弓形，进入髓放线，汇入直集合小管，直集合小管由皮质向髓质下行，与其他直集合小管汇合，在肾乳头处移行为较大的乳头管，开口于肾盏或肾盂内。

弓形集合小管上皮细胞为单层立方上皮，直集合小管的细胞逐渐升高，变为单层柱状，管腔大而平整，细胞界限明显，胞质明亮，核位于细胞中央。电镜下微绒毛及线粒体甚少。乳头管上皮由单层高柱状过渡为复层柱状上皮，近开口处，转为变移上皮（图 5-19）。

集合小管有进一步浓缩尿液的作用，形成终尿，终尿量仅为原尿的 1%。

(3)肾间质　肾间质为肾内的疏松结缔组织成分，在皮质内分布较少，髓质内分布相对较多。在间质内除了一般的结缔组织细胞外，还有一种细胞称为载脂间质细胞（lipid laden interstitial cell），简称间质细胞（interstitial cell）。间质细胞呈星形，有较长突起，单核，细胞长轴与邻近的肾小管长轴接近垂直（图 5-20）。

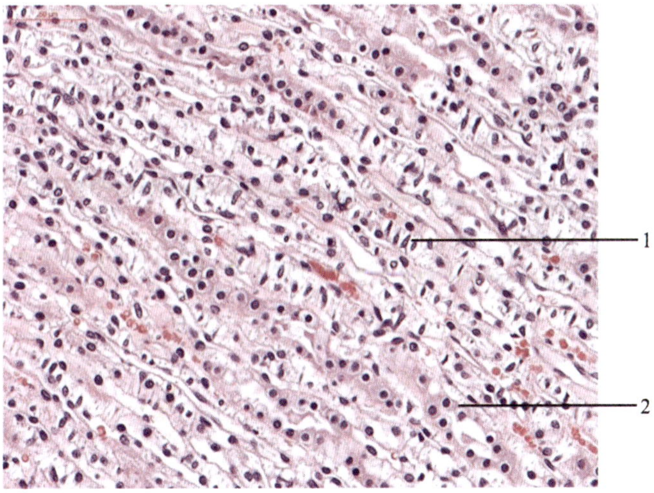

1. 肾间质细胞　2. 肾小管上皮细胞

图 5-20　肾髓质（HE，400×）

（李梦云 供图）

(六)膀胱的解剖学结构

由于贮存尿液量的不同，膀胱的形状、大小和位置也有变化。膀胱空虚时，呈梨状，牛、马的约拳头大，位于骨盆腔内；充满尿液的膀胱，其前端可突入腹腔内。公畜膀胱的背侧与直肠、尿生殖褶、输精管末端、精囊腺和前列腺相接。母畜膀胱的背侧与子宫及阴道相接。

膀胱可分为膀胱顶、膀胱体和膀胱颈。输尿管斜穿膀胱壁，并在壁内斜走一段，再开口于膀胱颈的背侧壁，以防止尿液自膀胱向输尿管逆流。膀胱颈延接尿道（图 5-21）。

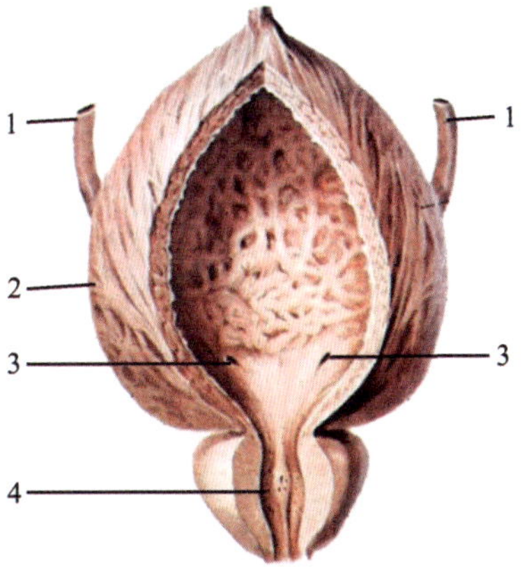

1. 输尿管　2. 膀胱　3. 输尿管出口　4. 尿道

图 5-21　膀胱模式图

膀胱的位置由 3 个浆膜褶来固定。膀胱中韧带或膀胱脐中褶，位于腹面正中，是连于骨盆腔底壁和膀胱腹侧之间的腹膜褶。膀胱侧韧带或膀胱脐侧褶，连于膀胱两侧与骨盆腔侧壁之间，其游离缘各有一膀胱圆韧带(ligamentum teres vesicae)，为胎儿脐动脉的遗迹。膀胱后部由疏松结缔组织与周围器官联系，结缔组织内常有多量脂肪。

牛的膀胱比马的长，充满尿液时，可达腹腔底壁。

猪的膀胱比较大，充满尿液时大部分突入腹腔内。

(七)膀胱的组织学结构特点

膀胱壁由黏膜、肌层和外膜构成。黏膜形成不规则的皱褶，黏膜上皮为变移上皮，单蹄动物的变移上皮间夹杂少量杯状细胞，黏膜固有层为疏松结缔组织。肌层为平滑肌，其分层不规则，一般可分为内纵肌、中环肌和外纵肌，以中环肌最厚。在膀胱颈部环肌层形成膀胱括约肌。膀胱外膜随部位不同而异，膀胱顶部和体部为浆膜，颈部为纤维膜(图 5-22，图 5-23)。

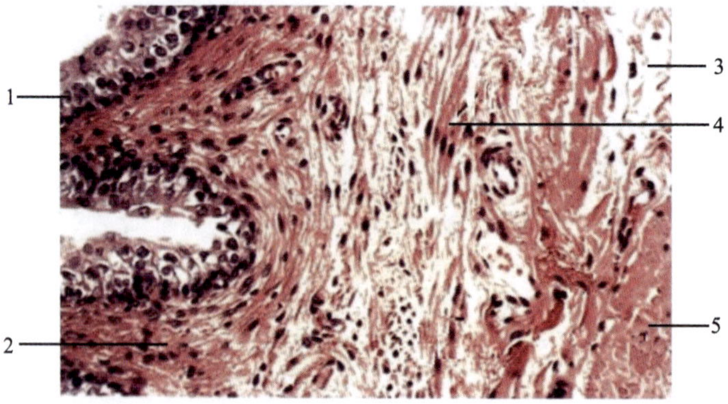

1. 黏膜变移上皮　2. 固有层　3. 黏膜下层　4. 黏膜肌层　5. 肌层

图 5-22　猪的膀胱(HE，125×)

(引自：陈耀星 译，2007)

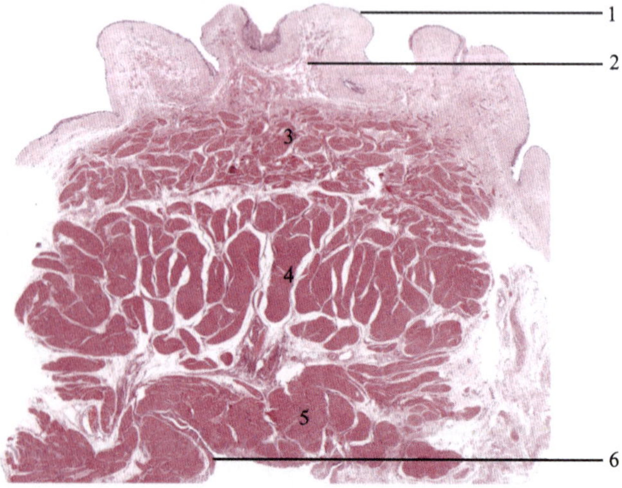

1. 黏膜变移上皮　2. 固有层　3. 内纵平滑肌　4. 中环平滑肌
5. 外纵平滑肌　6. 外膜

图 5-23　犬的膀胱 (HE，200×)

(朱雪敏 供图)

三、作业

1. 熟记动物泌尿器官的结构名称。
2. 详细说明牛、猪、羊肾的类型及其各自的解剖学结构特点(表面特点和剖面特点)。
3. 掌握肾的组织学结构特点,绘图说明肾小管的组织学结构特点。

实验六　生 殖 系 统

一、目的与要求

1. 了解家畜生殖系统的组成。
2. 掌握家畜生殖器官的形态、位置与结构特征。
3. 比较牛(羊)、猪、马、犬等动物生殖器官的解剖学特征。
4. 掌握睾丸和卵巢的组织构造。

二、实验内容与实验方法

(一)实验仪器和材料

1. 制作好的牛(羊)、猪、马、犬生殖器官的浸制整体和分离标本。
2. 睾丸、阴囊、精索、阴茎、卵巢、输卵管、子宫和阴道等器官不同切面的标本与模型。
3. 睾丸和卵巢的组织切片。

(二)睾丸和附睾

1. 睾丸

(1)形态位置与结构特征　睾丸位于阴囊内,左、右各一。睾丸呈椭圆形或卵圆形,表面光滑,分两面、两缘和两端。内侧面较平坦,与阴囊中隔相贴附。外侧面较隆凸,与阴囊外侧壁相邻。附睾缘为有附睾附着的一侧,游离缘为与附睾缘相对的一侧。睾丸头端为血管、神经进入的一端,与附睾头相接。睾丸尾端为与睾丸头端相对的一端。

睾丸由固有鞘膜、白膜、睾丸纵隔、睾丸小隔、睾丸小叶、精曲小管、精直小管和睾丸网组成。睾丸表面被覆一层浆膜称固有鞘膜。固有鞘膜深面为一层由致密结缔组织构成的白膜。白膜自睾丸头端沿纵轴伸向尾端,形成睾丸纵隔。自睾丸纵隔呈放射状分出许多睾丸小隔。睾丸小隔将睾丸实质分隔成许多锥体形睾丸小叶,每个小叶中有 2~3 条卷曲的精曲小管。精曲小管之间为睾丸间质,内含间质细胞,能分泌雄性激素。精曲小管伸向睾丸纵隔,在近纵隔处变直称精直小管。精直小管在睾丸纵隔中相互吻合形成睾丸网。由睾丸网最后汇合成 6~12 条较粗的睾丸输出管,从睾丸头端走出进入附睾头。

(2)睾丸切片观察

①肉眼观察　标本呈紫红色,一侧深染的线状结构是白膜。

②低倍镜观察　分辨睾丸表面的被膜和其深面的实质。实质在切片上由许多呈圆形、椭圆形或长管状的曲精小管切面和位于其间的结缔组织间质构成。有的曲精小管由于仅切到管壁而未见管腔。

③高倍镜观察

A. 被膜　睾丸的表面覆盖有浆膜(固有鞘膜)和致密结缔组织的白膜,白膜深面的结缔组织中含有血管即血管层。

B. 曲精小管　曲精小管与睾丸间质之间有着色较深的基膜。从基膜向内观察，可见到下列不同发育阶段的生精细胞和支持细胞。

a. 精原细胞　为紧贴基膜的1～2层、较小、圆形或椭圆形细胞，胞质着色很淡，胞核圆形或椭圆形，着色较深。

b. 初级精母细胞　位于精原细胞的内侧，常有1～3层细胞。细胞体积大，呈圆形。由于常处于细胞分裂状态，故可见到粗线状的染色体或成团的染色体。

c. 次级精母细胞　在初级精母细胞的内侧，细胞体积比前者小，但比近腔面的精子细胞大。由于迅速进行第二次成熟分裂，因此，常要观察多个曲精小管切面，方可察见此期生精细胞。

d. 精子细胞　靠近管腔面，可有数层细胞，细胞体积小，呈圆形，胞核圆形、染色很深。

e. 精子　呈蝌蚪状，头部被染成深蓝色，尾部为淡红色的丝状，成群并以其头部附着于支持细胞顶部或两侧面，尾部朝向管腔。注意有的曲精小管内未见精子细胞或精子，这是因为曲精小管内精子发生时期不是同步的，每期细胞发育所需时间也长短不一，因此，曲精小管内生精细胞的排列和组合也不相同。

f. 支持细胞　数量少，分散在生精细胞之间。细胞呈高柱状或锥状，底部宽位于基膜上，顶部伸入管腔。由于支持细胞的顶部和侧面都镶嵌着生精细胞，所以细胞轮廓不清，但可根据其胞核大、呈椭圆形或三角形、着色很浅等特点，在曲精小管基部的生精细胞之间易于见到。

C. 间质细胞　移动标本至曲精小管间的间质，可见一种胞体较大，成群分布的多边形或圆形细胞，胞核大而圆，胞质嗜酸性，即睾丸间质细胞（图6-1）。

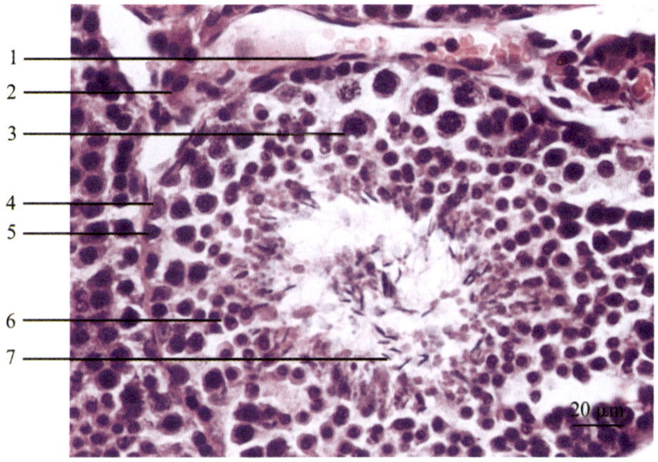

1 肌样细胞　2. 间质细胞　3. 初级精母细胞　4. A型精原细胞　5. B型精原细胞　6. 精子细胞　7. 精子

图6-1　睾丸曲精小管切面（HE，400×）

（引自：陈耀星，崔燕，2019）

2. 附睾　附睾分附睾头、附睾体和附睾尾，外面包有固有鞘膜和薄的白膜。附睾头膨大，由睾丸输出管组成，与睾丸头相接。附睾体和附睾尾由附睾管盘曲而成，在尾端延续为输精管。附睾尾借睾丸固有韧带与睾丸尾相连，附睾尾韧带连接附睾尾与鞘膜壁层，连接附睾尾韧带与阴囊壁肉膜的结缔组织称阴囊韧带,动物去势时,必须切开此韧带。

3. 比较公牛(羊)、公猪、公马、公犬等动物睾丸和附睾的位置与形态结构　公牛(羊)睾丸长轴呈上下垂直位,椭圆形,睾丸头端朝上,附睾位于睾丸后面。

公牛睾丸实质呈黄色,公羊呈白色。

公马睾丸呈前后水平位,睾丸头端朝前,附睾位于睾丸背侧。睾丸实质呈淡棕色。

公猪睾丸位于会阴部,由前下方斜向后上方,睾丸头朝向前下方,附睾位于睾丸前上方。睾丸实质呈淡灰色。

公犬睾丸卵圆形,斜向后上方,附睾位于睾丸背侧。睾丸实质呈白色。

(三)输精管和精索

1. 观察公牛输精管的形态位置和结构特征　公牛输精管起自附睾尾,沿附睾体走至附睾头,进入精索后缘内侧的输精管褶上行,经腹股沟管深环入腹腔,与精索中的血管、神经分离,单独折转向后行进入骨盆腔,在膀胱背侧的尿生殖褶中继续后行,越过输尿管腹侧,其后部膨大形成输精管壶腹。黏膜内含有壁内腺(壶腹腺),其末端变细,与同侧的精囊腺管合并形成射精管,开口于尿生殖道起始部背侧的精阜上。

2. 观察公牛精索的形态位置和结构特征　精索为连接睾丸与腹股沟管深环之间的一条扁平的圆锥形结构,基部附着于睾丸和附睾,上达腹股沟管深环。精索内主要有出入睾丸的动脉、静脉、神经、淋巴管、平滑肌和输精管等结构,精索表面为鞘膜脏层。

(四)阴囊

1. 观察公牛阴囊的形态位置和结构特征　牛的阴囊位于腹底壁两股之间,呈瓶状,上端略细,形成阴囊颈,阴囊颈前方通常有两对雄性乳头,阴囊腹侧中线有阴囊缝。阴囊壁的结构与腹壁相似,由外向内依次为皮肤、肉膜、精索外筋膜、提睾肌、精索内筋膜和鞘膜壁层。阴囊皮肤较薄,与腹壁皮肤相延续。肉膜由结缔组织和平滑肌束组成,与阴囊皮肤紧贴,并形成阴囊中隔。精索外筋膜以疏松结缔组织连接肉膜和提睾肌。提睾肌由腹内斜肌分出,位于阴囊外侧壁。精索内筋膜和鞘膜壁层结合,合称总鞘膜。鞘膜壁层折转覆盖到睾丸和附睾表面称固有鞘膜,两者之间的腔隙称鞘膜腔,上部较细称鞘膜管,与腹膜腔相通。

2. 比较公牛、马、猪和犬阴囊的形态位置与结构特征　马阴囊的位置同牛,犬阴囊位于两股之间的后部,猪阴囊位于会阴部,肛门下方,与周围界限不清。

(五)雄性尿道(尿生殖道)

观察公牛尿生殖道的形态位置和结构特征　尿生殖道是排尿和排精的共同通道,以尿道内口起始于膀胱颈,沿骨盆腔底壁向后延伸,绕过坐骨弓,再沿阴茎腹侧向前行至阴茎头,开口与外界。尿生殖道以坐骨弓为界,分为骨盆部和阴茎部,两者交界处变窄,称尿道峡。骨盆部位于骨盆底壁和直肠之间,起始部背侧中央有一圆形隆起,称精阜,有输精管和精囊腺管的开口。射精口前面的骨盆部称前列腺前部,是纯粹的尿道;射精口之后的部分为前列腺部。在尿道峡之前,黏膜形成半月形的黏膜壁,内有尿道球腺开口。此黏膜壁给公牛排尿带来了困难。阴茎部起自坐骨弓,经左右两阴茎脚之间入尿道沟。阴茎部海绵层发达,在坐骨弓处海绵层加厚,形成阴茎球(尿道球),表面有横纹肌形的球海绵体肌覆盖,该肌有助于排尿和排精。

(六)副性腺

1. 观察公牛副性腺的形态位置和结构特征　副性腺为位于尿生殖道骨盆部的腺体,有精囊腺、前列腺和尿道球腺。去势家畜的副性腺发育不良。精囊腺1对，位于膀胱颈背侧的尿生殖褶中，在输精管壶腹外侧，一些动物的精囊腺管与输精管共同形成射精管，开口于精阜。前列腺位于尿生殖道起始部背侧，分为体部和扩散部，体部位于尿生殖道起始部背侧，扩散部位于尿生殖道骨盆部海绵体层与肌层之间。前列腺导管有多条，开口于精阜两侧及后方的尿生殖道背侧壁。尿道球腺1对，位于骨盆部末端背侧，坐骨弓附近，导管有多条，直接开口于尿生殖道背侧壁。

2. 比较观察公牛(羊)、公马、公猪和公犬等动物副性腺的形态位置与结构特征

(1)精囊腺　公牛(羊)的精囊腺呈长卵圆形、分叶状，表面凹凸不平，左、右侧腺体大小、形状常不对称，精囊腺导管与输精管一同开口于精阜。公马的精囊腺呈梨形、囊状，壁薄而腔大，表面光滑。精囊腺导管与同侧输精管合并成射精管，开口于精阜。公猪的精囊腺特别发达，长15 cm以上，呈三面体形，淡红色，由许多腺小叶组成。精囊腺导管单独或与输精管一同开口于精阜。公犬无精囊腺。

(2)前列腺　牛(羊)的前列腺呈淡黄色，分为腺体部和扩散部。腺体部较小，横位于尿生殖道起始部的背侧。扩散部发达，几乎分布在整个尿生殖道骨盆部海绵层和尿道肌之间，其背侧部厚，腹侧部薄。前列腺管多，成行开口于尿生殖道骨盆部黏膜，有两列位于精阜后方的两黏膜褶之间，另外两列在褶的外侧。羊的前列腺无腺体部，仅有扩散部。马的前列腺发达，呈蝴蝶形，由左、右两侧叶和中间的峡部构成。每侧前列腺导管有15～20条，穿过尿道壁，开口于精阜外侧。猪的前列腺与牛的相似，也分腺体部和扩散部。腺体部较小，位于尿生殖道起始部背侧，被精囊腺所遮盖。扩散部很发达，占据尿生殖道骨盆部黏膜与尿道肌之间的海绵层，切面上呈黄色。两部分均有许多导管，腺体部开口于精阜外侧，扩散部直接开口于尿生殖道骨盆部背侧黏膜。犬的前列腺大而坚实，呈球状，淡黄色，被一正中沟分为左、右两叶。前列腺导管有多条，开口于尿生殖道骨盆部。

(3)尿道球腺　牛的尿道球腺较小，略呈半球形(羊的稍大)，位于尿生殖道骨盆部后端的背外侧。外面包有厚的被膜，部分被球海绵体肌覆盖，每侧腺体发出一条导管，开口于尿生殖道骨盆部后端背侧的半月状黏膜褶内。此半月状黏膜褶在对公牛导尿时常会造成一定困难。马的尿道球腺呈卵圆形，表面被覆尿道肌，每侧腺体有6～8条导管，开口于尿生殖道骨盆部末端背侧的两列小乳头上。猪的尿道球腺很发达，呈圆柱形，大猪长达12 cm，位于尿生殖道盆部后2/3部的两侧，每侧腺体各有一条导管，在坐骨弓处开口于尿生殖道骨盆部背侧半月形黏膜褶所围成的盲囊内。犬无尿道球腺。

(七)阴茎

1. 观察公牛阴茎的形态位置和结构特征　公牛的阴茎位于腹壁之下，起自坐骨结节，经两股之间沿中线向前伸延至脐部，可分阴茎头、阴茎体和阴茎根3部分。阴茎根位于会阴部，以两阴茎脚附着于坐骨结节上，外覆发达的坐骨海绵体肌，左右两侧的阴茎脚向前合并形成阴茎体。阴茎体呈圆柱状，构成阴茎的大部分，在阴茎体起始部由两条阴茎悬韧带固着于坐骨联合腹侧。阴茎头位于阴茎前端，其形状因不同家畜而异。阴茎退缩肌为带状肌，起自荐骨后部两侧或前部尾椎，经直肠或肛门两侧，在会阴部与对侧同名肌平行延伸于阴茎体腹侧，终止于“乙”状弯曲的第二曲(牛和猪)或游离端(马)。

2. 比较观察公牛(羊)、公马、公猪和公犬等动物阴茎的形态位置与结构特征　公牛的阴茎呈圆柱状，长而细，阴茎体在阴囊的后方形成“乙”状弯曲，勃起时伸直。阴茎头长而尖，自左向

右扭转，游离端形成阴茎头帽。尿道外口位于阴茎头前端的尿道突。羊的阴茎与牛的基本相似，但阴茎头最前端的阴茎头冠很发达，尿道突细而长，绵羊的长达 3～4 cm，呈“S”状弯曲，山羊的直而稍短。猪的阴茎与牛的相似，但“乙”状弯曲在阴囊的前方。阴茎头尖细，呈螺旋状扭转。尿道外口呈裂隙状，位于阴茎头前端的腹外侧。马的阴茎长约 50 cm，呈左、右略扁的圆柱状，粗大、平直。阴茎头膨大，后缘或基部形成阴茎头冠，其上有阴茎头窝，窝内有一短的尿道突，尿道突上有尿道外口。犬的阴茎在阴茎前部有阴茎骨，长 10 cm 以上（体型较大的犬），是由两部分阴茎海绵体骨化而成。阴茎头很长，覆盖在全部阴茎骨的表面，它的前部呈圆柱状，游离端为一尖端。阴茎头的起始部膨大，称龟头球，内有勃起组织。

（八）包皮

1. 公畜包皮的形态位置和结构特征　包皮为下垂于腹底壁的皮肤折转而形成的管状鞘，有容纳和保护阴茎的作用。包皮的游离缘围成包皮口。包皮口位于脐后稍后方，开口朝前，周围有长毛。包皮外层为腹壁皮肤，在包皮口向包皮腔折转，形成包皮内层。两层之间含有前、后两对发达的包皮肌，可将包皮向前、向后牵引。

2. 比较观察公牛（羊）、公马、公猪和公犬等动物包皮的形态位置与结构特征　牛的包皮长而狭窄，包皮口在脐部稍后方，周围有一簇粗而硬的长毛，具有两对较发达的包皮肌。马的包皮有两层，分别称为内包皮和外包皮，勃起时展平。外包皮较长，其游离缘围成包皮口或包皮外口；内包皮直接包于阴茎头之外，比外包皮短小，游离缘围成包皮环或包皮内口。猪的包皮口狭窄，周围也有粗硬的长毛。包皮腔很长，前宽后窄，前部背侧壁上有一圆孔，通向椭圆形的包皮憩室。憩室内常聚集有腐败的余尿和脱落的上皮细胞，具有特殊的腥臭味，在猪屠宰后，应将其切除，以免污染肉品。犬的包皮为完整的皮肤套，包围着龟头球。包皮外层是皮肤，内层薄，呈粉红色，内层与龟头球紧密结合。包皮中分布着淋巴结，尤其在包皮腔底部多而明显。

（九）卵巢

1. 观察母牛卵巢的形态位置和结构特征　卵巢的大小、形态、位置依动物种类、年龄、妊娠与否及性周期而异。卵巢通常呈椭圆形，具有两缘、两端和两面。背侧与卵巢系膜相连为系膜缘，有血管、神经、淋巴管出入处称卵巢门；腹侧为游离缘；后端以卵巢固有韧带与子宫角相连，为子宫端；前端接输卵管伞，为输卵管端。

2. 卵巢切片观察

（1）肉眼观察　卵巢切面为椭圆形，着紫红色。内有大小不等的空泡，即为不同发育时期的卵泡。

（2）低倍镜观察　卵巢表面覆盖有立方形或扁平形的生殖上皮，其深面是致密结缔组织白膜。白膜的深面是卵巢的皮质和髓质。皮质在外周，由较致密的结缔组织基质和不同发育阶段的卵泡构成。髓质在卵巢的中央，由疏松结缔组织构成，内含许多较大的血管（图 6-2）。

（3）高倍镜观察　皮质中有下列不同发育阶段的卵泡。卵泡都呈球状，但大小、形状和结构各异。

①原始卵泡　位于白膜的深面，数量很多，排列成层或成群。卵泡体积小，仅由位于其中央、较大的初级卵母细胞，和周围一层扁平的卵泡细胞构成（图 6-3）。

②初级卵泡（早期生长卵泡）　位于原始卵泡的深层，由原始卵泡发育而来，卵泡体积随着发育而逐步增大。在初级卵母细胞增大的同时，其周围出现均质，着鲜红色的透明带。卵泡细

胞由扁平形变成立方形和柱状，由单层变成双层乃至多层。并在多层卵泡细胞间出现一些小腔隙，内有少量卵泡液。在卵泡细胞的外面，由基质围成卵泡膜（图 6-4，图 6-5）。

③次级卵泡（晚期生长卵泡）　由初级卵泡继续发育增大而成。次级卵泡体积更大，卵泡细胞之间的腔隙汇合成一个大的卵泡腔，内充满卵泡液。由于卵泡腔的形成，卵泡细胞分成两部分。围绕着卵泡腔的数层卵泡细胞称颗粒层；而支持卵母细胞并呈丘状突向卵泡腔的卵泡细胞称卵丘。若切面未经过卵母细胞，则卵泡内仅见一些卵泡细胞或颗粒层以及卵泡腔。卵泡膜明显地分为内、外两层，内层含较多的细胞和血管，外层纤维成分多（图 6-6）。

④成熟卵泡　更大，且接近卵巢的表面。附着在卵母细胞和透明带外周的一层高柱状卵泡细胞，呈放射状排列，形成放射冠（图 6-7）。

⑤闭锁卵泡　是原始卵泡向成熟卵泡发育过程中退化了的卵泡的总称。卵泡闭锁可发生于卵泡发育的任何阶段，其表现为卵母细胞萎缩或消失，透明带皱缩并与周围的卵泡细胞分离，卵泡壁的卵泡细胞离散，卵泡壁塌陷等。在啮齿动物的卵巢内，可见散在于结缔组织间的间质腺。

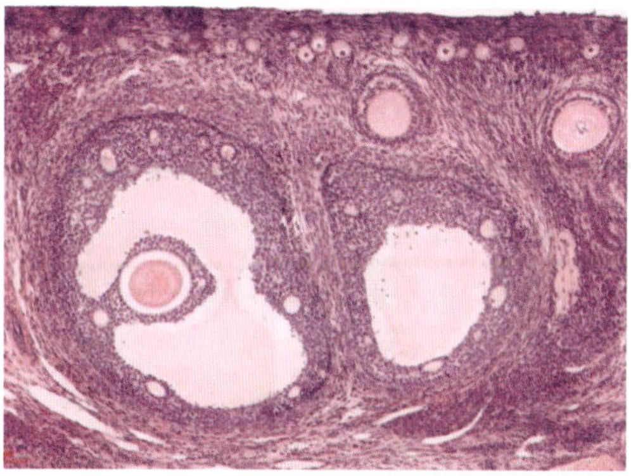

图 6-2　卵巢（HE，100×）

（孙娟 供图）

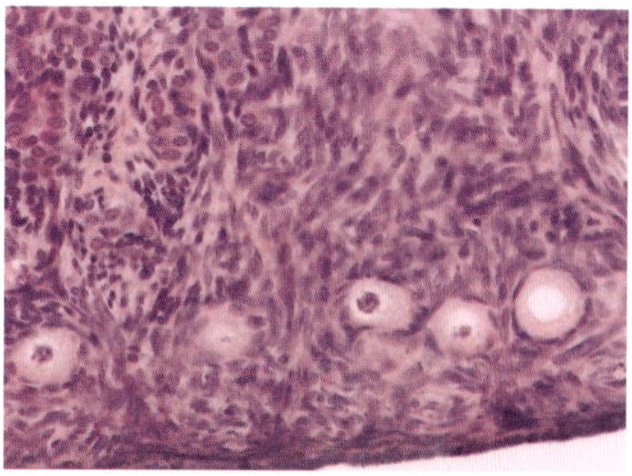

图 6-3　原始卵泡（HE，400×）

（孙娟 供图）

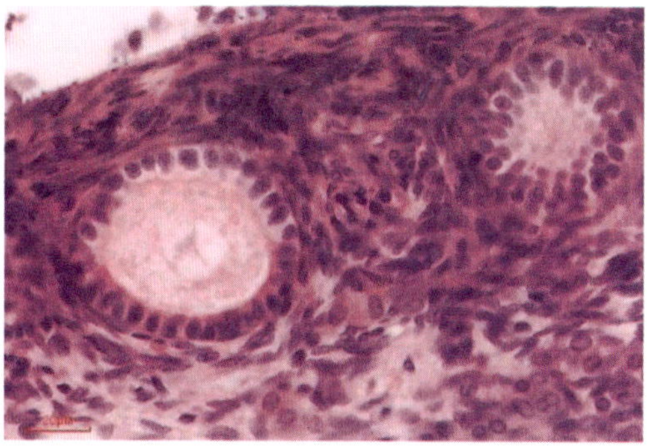

图 6-4　初级卵泡（1）（HE，400×）

（孙娟 供图）

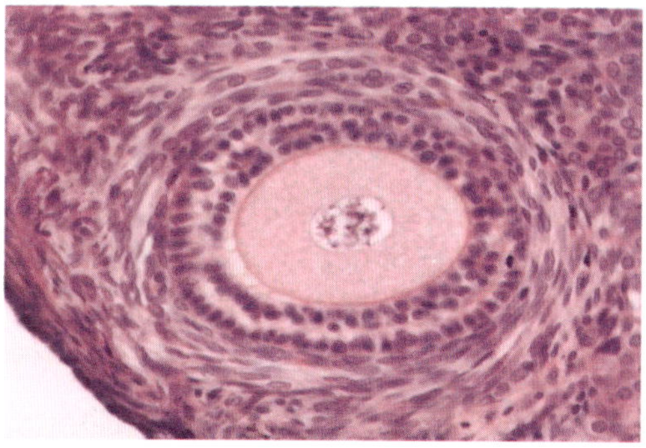

图 6-5　初级卵泡（2）（HE，400×）

（孙娟 供图）

3. 比较观察母牛（羊）、母猪、母马和母犬等动物卵巢的形态位置与结构特征　母牛的卵巢呈侧扁的卵圆形，右侧常较大。母羊的较圆、较小。性成熟后成熟的卵泡和黄体可突出于卵巢

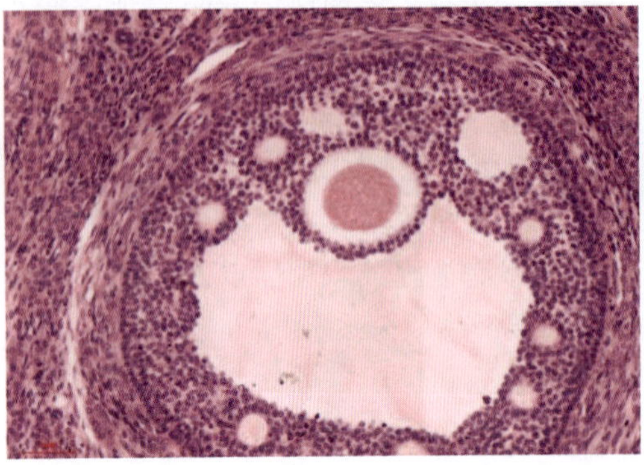

图 6-6 次级卵泡(HE,200×)
(孙娟 供图)

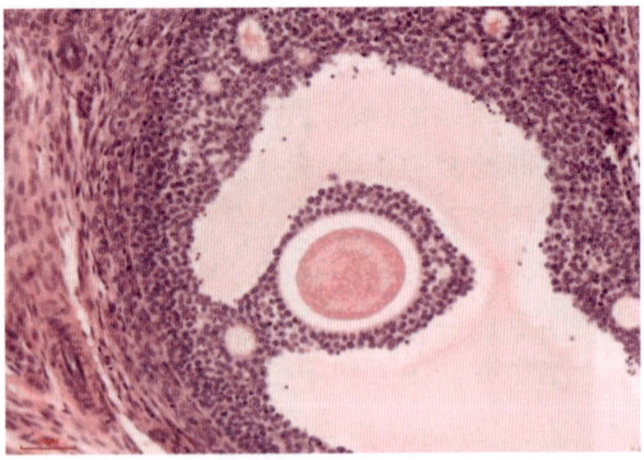

图 6-7 成熟卵泡(HE,200×)
(孙娟 供图)

的表面。卵巢一般位于骨盆腔前口两侧附近。未经产母牛的卵巢稍后移,多位于骨盆腔内;经产母牛的卵巢位于腹腔内,耻骨前缘的下方。母牛的卵巢囊宽大。母马的卵巢呈蚕豆形,表面光滑,大部分被覆浆膜。卵巢借卵巢系膜悬于腰下部肾的后方,在第 4 或第 5 腰椎横突腹侧。马属动物卵巢的游离缘有一凹陷部,称为排卵窝,成熟的卵泡由此排出卵细胞。母猪的卵巢一般比较大,呈卵圆形,其位置、形态、大小因年龄和个体不同而有较大变化。性成熟前的小母猪,卵巢较小,表面光滑,位于荐骨岬两侧稍后方,腰小肌腱附近,位置比较固定。接近性成熟时,卵巢体积增大,表面有突出的卵泡,呈桑葚状。卵巢位置稍下垂前移,位于髋结节前缘横断面的腰下部。性成熟后及经产母猪卵巢变得更大,表面因有卵泡、黄体突出而呈结节状。卵巢位于髋结节前缘前方约 4 cm 的横断面上,包于发达的卵巢囊内。母犬的卵巢呈长椭圆形,稍扁平。性成熟后卵巢内含有不同发育阶段的卵泡,表面呈现凹凸不平。左右侧卵巢与同侧肾后端相距 1~2 cm 或相邻接。卵巢完全被卵巢囊包裹,卵巢囊的腹侧有裂口。

(十)输卵管

1. 观察母畜输卵管的形态位置和结构特征　输卵管为一条肌膜性管道,细而弯曲,由输卵管系膜固定。输卵管系膜和卵巢固有韧带之间形成卵巢囊,卵巢位于其中。输卵管分为三段,前端扩大呈漏斗状,称为输卵管漏斗,漏斗的边缘不规则,呈伞状,称输卵管伞。漏斗中央深处有一口为输卵管腹腔口,与腹膜腔相通,卵细胞由此进入输卵管。输卵管的前段管径最粗,称为输卵管壶腹,卵细胞常在此受精,之后进入子宫着床。后段较短,细而直,管壁较厚,称输卵管峡,末端以输卵管子宫口与子宫角相连通。

2. 比较观察母牛(羊)、母猪、母马和母犬等动物输卵管的形态位置与结构特征　牛、羊的输卵管较长,弯曲少,壶腹部不明显,与子宫角之间无明显分界。猪的输卵管壶腹部较粗而弯曲,后部较细而直,与子宫角之间无明显分界。马的输卵管较长,壶腹部明显且特别弯曲,与子宫角之间界线清楚。犬的输卵管细,弯曲较少。

(十一)子宫

1. 观察母畜子宫的形态位置和结构特征　子宫大部分位于腹腔,少部分位于骨盆腔,为一中空的肌质性器官,借子宫阔韧带附着于腰下部和骨盆侧壁,背侧为直肠,腹侧为膀胱,前端接输卵管,后端通阴道。各种哺乳动物的子宫形态不一致,可以分为双子宫、双角子宫和单子宫。

多数家畜属双角子宫，如单胎的马，多胎的猪、犬等。双角子宫指子宫前部为成对的子宫角，后不完全合并为子宫体，腔内无分隔，以子宫颈开口于阴道。分为子宫角、子宫体和子宫颈三部分。子宫角为子宫的前部，呈弯曲的圆筒状，常位于腹腔内。其前端以输卵管子宫口与输卵管相通，向后延续为子宫体。子宫体位于骨盆腔内，一部分伸入腹腔内，呈圆筒状，向后延续为子宫颈。子宫颈为子宫后段的缩细部，位于骨盆腔内，壁很厚，黏膜形成许多纵褶，内腔狭窄，称为子宫颈管。前端以子宫颈内口与子宫体相通，子宫颈外口向后通阴道。子宫颈向后突入阴道的部分，称为子宫颈阴道部。子宫颈管平时闭合，发情时稍松弛，分娩时扩大。

2. 比较观察母牛(羊)、母马、母猪和母犬等动物子宫的形态位置与结构特征　子宫的形态、大小、位置和结构，因畜种、年龄、个体、性周期以及妊娠时期等不同而有很大差异。牛、羊的子宫角长，前部呈绵羊角状，后部由结缔组织和肌组织构成伪体，其表面被以浆膜，子宫体很短。子宫颈黏膜突起互相嵌合成螺旋状，子宫颈阴道部呈菊花瓣状，其中央有子宫颈外口。子宫角和子宫体内膜上有特殊的隆起为子宫阜。牛的子宫阜为圆形隆起，100 多个，排成 4 列。羊的子宫阜呈纽扣状，中央凹陷，有 60 多个。马的子宫呈“Y”字形，子宫角短，弯曲呈弓形，子宫角约与子宫体等长；子宫颈阴道部明显，呈现花冠状黏膜褶。猪的子宫有很长的子宫角和不发达的子宫体，子宫角形成袢状弯曲类似小肠，子宫颈长，子宫颈管也呈螺旋状，无子宫颈阴道部。犬的子宫为双角多胎，子宫角长，直而细，子宫体短但明显，子宫颈很短但肌层发达。

(十二)阴道

1. 观察母畜阴道的形态位置和结构特征　阴道位于骨盆腔内，背侧为直肠，腹侧为膀胱和尿道。阴道前端与子宫颈阴道部形成一环状的陷窝，称阴道穹隆；后端以尿道外口与阴道前庭为界。在尿道外口前方有一横行或环形的黏膜褶，称阴瓣或处女膜。阴道壁由黏膜、肌层和外膜组成，黏膜呈粉红色，形成许多纵行皱褶。

2. 比较观察母牛(羊)、母马、母猪和母犬等动物阴道的形态结构特点　牛和马的阴道宽阔，周壁较厚。牛的阴道穹窿呈半环状，马的呈环状。猪的阴道腔直径很大，无阴道穹窿。犬的阴道比较长，前端尖细，肌层很厚，主要为环行肌组成。

(十三)阴道前庭

1. 观察母畜阴道前庭的形态位置和结构特征　阴道前庭为一左右压扁的短管，前方以尿道外口与阴道为界，后方经阴门与外界相通。阴道前庭由黏膜、肌层和外膜组成，黏膜呈粉红色。在尿道外口后方两侧，有前庭小腺的开口，在阴道前庭的两侧壁有前庭大腺的开口。

2. 比较观察母牛(羊)、母马、母猪和母犬等动物阴道前庭的形态结构特点　母牛的阴瓣不明显，在尿道外口腹侧有尿道下憩室，长约 3 cm。给母牛导尿时，应注意勿使导管误入尿道下憩室。幼龄母马阴瓣发达，经产老龄母马阴瓣常不明显。母猪的阴瓣为一环形褶。犬的尿道开口于一小隆起，两侧各有一个凹沟，在进行膀胱导管插入术时不要将其误认为是阴蒂窝。

(十四)阴门

1. 观察母畜阴门的形态位置和结构特征　阴门位于肛门腹侧，由左、右两阴唇构成，两阴唇间的裂缝称为阴门裂。阴唇上、下两端的联合，分别称为阴唇背侧联合和阴唇腹侧联合。在腹侧联合前方有一阴蒂窝，内有阴蒂，相当于公畜的阴茎。

2. 比较观察母牛(羊)、母马、母猪和母犬等动物阴门的形态结构特点　牛的阴唇背侧联合圆而腹侧联合尖，其下方有一束长毛。马的阴唇前方的前庭壁上，有发达的前庭球，长 6～8 cm，相当于公马的阴茎海绵体，马的阴蒂较发达。猪的阴蒂细长，突出于阴蒂窝的表面。犬的阴蒂窝大，有一黏膜褶向后延展，盖在阴蒂的表面，褶的中央部有一向外突出的部分，常被误认为阴蒂。

三、作业

1. 请在图 6-8 中标明各数字所代表的公牛生殖器官的名称。

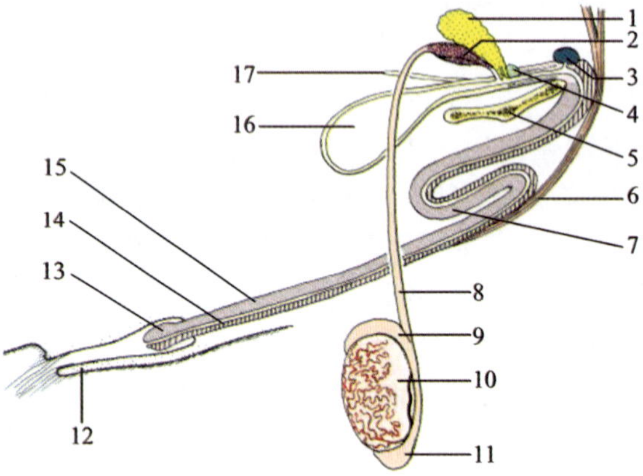

1. ________ 2. ________ 3. ________ 4. ________ 5. ________ 6. ________
7. ________ 8. ________ 9. ________ 10. ________ 11. ________ 12. ________
13. ________ 14. ________ 15. ________ 16. ________ 17. ________

图 6-8 公牛生殖器官模式图

2. 请在图 6-9 中标明各数字所代表的公牛睾丸和附睾结构的名称。

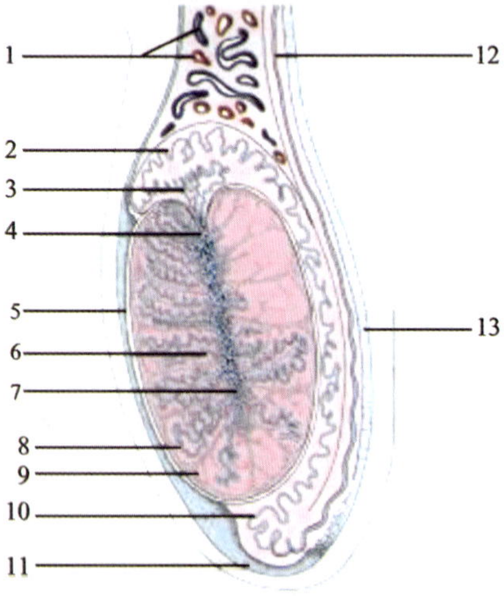

1. ________ 2. ________ 3. ________ 4. ________ 5. ________ 6. ________
7. ________ 8. ________ 9. ________ 10. ________
11. ________ 12. ________ 13. ________

图 6-9 公牛睾丸和附睾结构示意图

3. 请在图 6-10 中标明各数字所代表的公畜阴囊结构的名称。

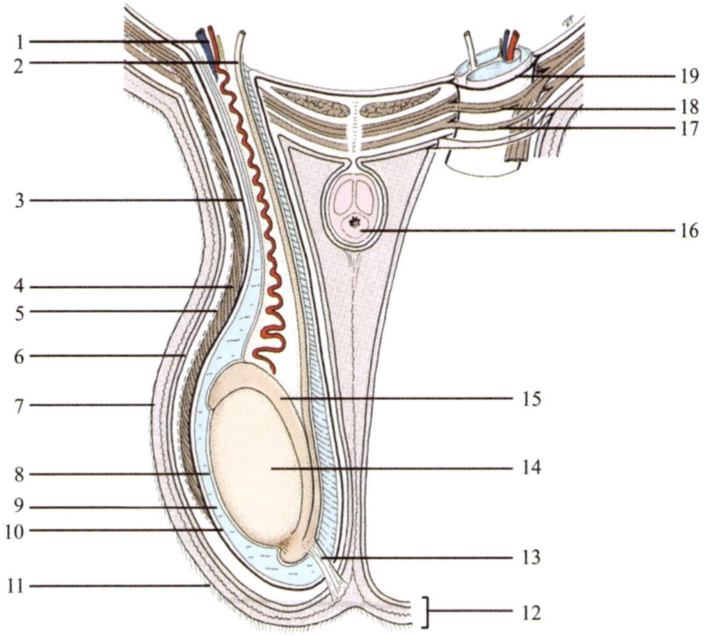

1. ________ 2. ________ 3. ________ 4. ________ 5. ________ 6. ________

7. ________ 8. ________ 9. ________ 10. ________ 11. ________

12. ________ 13. ________ 14. ________ 15. ________

16. ________ 17. ________ 18. ________ 19. ________

图 6-10 公畜阴囊结构示意图

4. 请在图 6-11 中标明各数字所代表的母牛生殖器官的名称。

5. 请在图 6-12 中标明各数字所代表的母牛生殖器官的名称。

6. 观察睾丸组织切片，绘制高倍镜下睾丸曲精小管。

7. 绘制高倍镜下卵巢的结构。

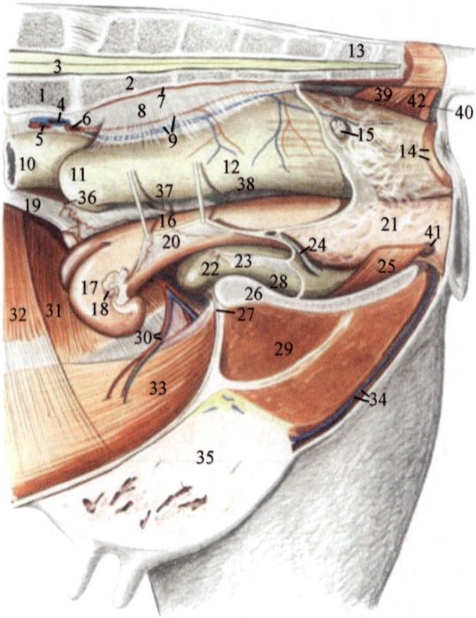

1.______ 2.______ 3.______ 4.______ 5.______ 6.______
7.______ 8.______ 9.______ 10.______ 11.______
12.______ 13.______ 14.______ 15.______ 16.______
17.______ 18.______ 19.______ 20.______ 21.______
22.______ 23.______ 24.______ 25.______ 26.______
27.______ 28.______ 29.______ 30.______ 31.______
32.______ 33.______ 34.______ 35.______ 36.______
37.______ 38.______ 39.______ 40.______
41.______ 42.______

图 6-11　母牛生殖器官位置关系(左侧观)

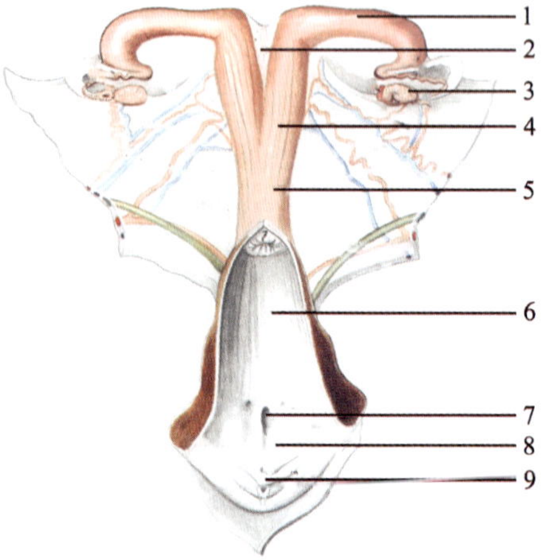

1.______ 2.______ 3.______ 4.______ 5.______ 6.______
7.______ 8.______ 9.______

图 6-12　母牛的生殖器官(背侧面)

实验七　心血管系统

一、目的与要求

1. 掌握心脏的位置、形态、构造、心包和心脏传导系统。

2. 了解心脏的功能与血液循环路径。

3. 了解动物体内动脉主干及主要静脉的位置、名称及主要分支。

4. 比较观察牛、猪、马等大动物心脏的解剖学特征及主要血管的分支及分布特征。

5. 通过组织切片观察，掌握心壁在高倍镜和低倍镜下的组织结构。

6. 通过组织切片观察，掌握中动脉的结构，并比较各级动脉、毛细血管和各级静脉的组织结构特点。

二、实验内容与实验方法

(一)心脏的解剖学结构

1. *心脏的外形及位置*　心脏为中空的肌质器官，外被心包包围，位于胸腔纵隔内，夹于左、右两肺之间，略偏左侧。心脏呈左、右稍扁的倒圆锥形，前缘凸，后缘短而直。背侧部大，称为心基。有进出心脏的大血管。下部尖而游离，为心尖。

心脏表面近心基处有环绕心脏的冠状沟，在心脏的左侧面和右侧面，分别有一锥旁室间沟(左纵沟)和一窦下室间沟(右纵沟)，在牛的心脏后缘还有一副纵沟。在冠状沟、室间沟及副纵沟内有营养心的血管，并有脂肪填充。冠状沟可作为心房和心室的外表分界，左、右纵沟可作为心脏左、右心室的外表分界(图 7-1，图 7-2)。

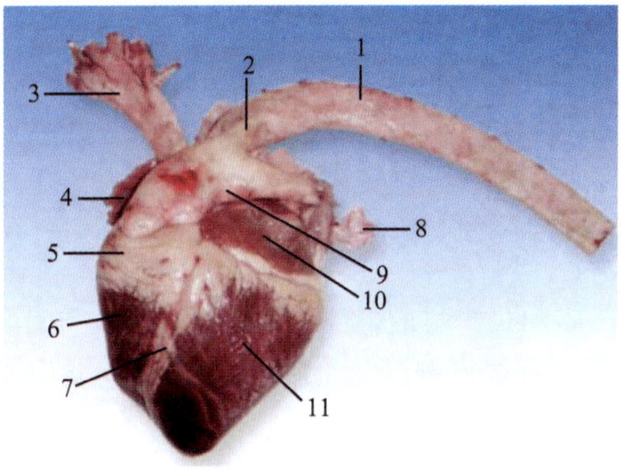

1. 主动脉弓　2. 动脉韧带　3. 臂头动脉干
4. 右心房　5. 冠状沟　6. 右心室
7. 锥旁室间沟(左纵沟)　8. 肺静脉
9. 肺(动脉)干　10. 左心房　11. 左心室

图 7-1　牛心脏左侧观

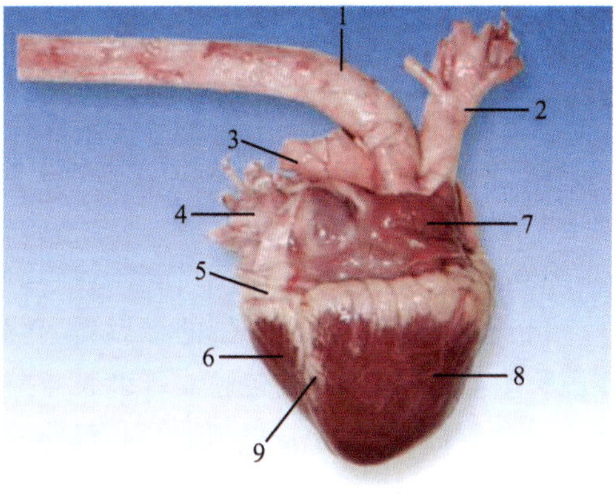

1. 主动脉弓　2. 动脉韧带　3. 臂头动脉干
4. 肺静脉　5. 冠状沟　6. 左心室　7. 右心房
8. 右心室　9. 窦下室间沟(右纵沟)

图 7-2　牛心脏右侧观

2.心腔的构造

(1)右心房　构成心基的右前部,由右心耳和静脉窦构成。右心耳呈圆锥状盲囊,突向前方,内有梳状肌。静脉窦是体循环静脉的入口部,接受全身的静脉血。包括前腔静脉口、后腔静脉口等。前后腔静脉口间有静脉间结节,有分流前、后腔静脉血液,避免互相冲击的作用。后腔静脉口的腹侧有一冠状窦,为心大静脉和心中静脉的开口。在后腔静脉口附近的房中隔上有卵圆窝,是胚胎期卵圆孔的遗迹。右心房经右房室口与右心室相通。

(2)右心室　构成心室的右前部,室壁较薄,室腔不达心尖。其上方有 2 个口:前口较小,为肺动脉干口;后口较大,为右房室口。右房室口有三尖瓣,瓣的游离缘由腱索连接到心室壁的乳头肌上,为右心室血液的入口。肺动脉干口有半月状瓣,为右心室血液的出口。在室中隔上,有横过室腔走向室侧壁的隔缘肉柱或心横肌。

(3)左心房　构成心基的左后部。其构造与右心房相似,有向前突出的圆锥状盲囊,为左心耳。在左心房背侧壁的后部,有数个肺静脉口。在左心房的下方有一左房室口,通左心室。

(4)左心室　构成心室的左后部。室壁很厚,室腔伸达心尖,其上方也有 2 个口:前口较小,为主动脉口;后口较大,为左房室口。左房室口有二尖瓣,其构造和作用与三尖瓣相同。主动脉口为左心室血液的出口,其构造与肺动脉干口相似,也有 3 个半月瓣,称为主动脉瓣(图 7-3,图 7-4)。

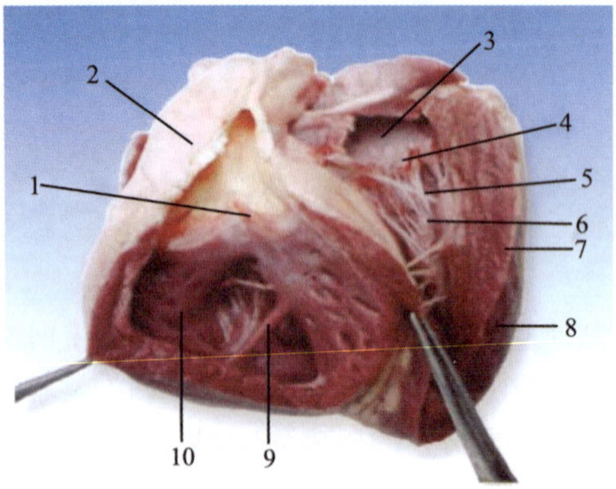

1.肺(动脉)干瓣膜(半月瓣)　2.肺(动脉)干
3.左房室口　4.左房室瓣(二尖瓣)
5.腱索　6.乳头肌　7.心肌　8.心外膜
9.隔缘肉柱　10.心内膜

图 7-3　牛心室纵剖面

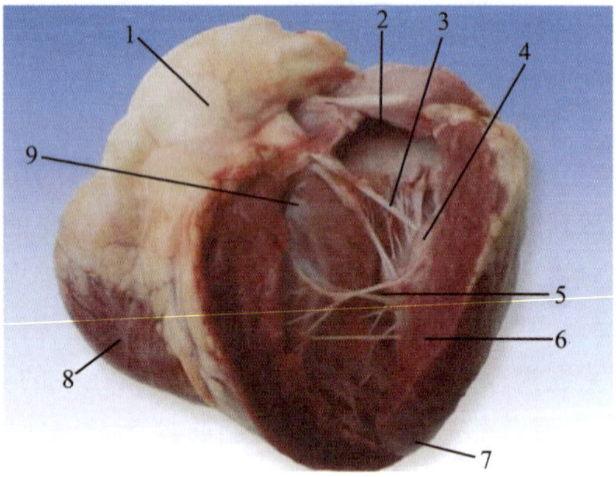

1.肺(动脉)干　2.左房室口　3.腱索
4.乳头肌　5.隔缘肉柱　6.左心室瓣
7.心尖　8.右心室　9.主动脉口

图 7-4　牛左心室剖面观

3.心包和心壁的构造

(1)心包　包在心脏周围的锥形囊,囊壁由纤维膜和浆膜组成,浆膜分壁层和脏层,其间的空隙称为心包腔,内有心包膜。纤维膜与壁层密接,外面被覆有纵隔胸膜,在心尖部折转附着于胸骨背侧,构成胸骨心包韧带。心包外的胸膜称为心包胸膜。

(2)心壁的构造　心壁分 3 层,外层为心包膜(即心包脏层),中层为心肌,内层为心内膜(紧贴于心肌的内表面)。

4.心脏的血管　心脏本身的血液循环称冠状循环。其动脉称冠状动脉,静脉则称为心静脉。左、右冠状动脉起自主动脉根部,分别经肺动脉干后方和前方至冠状沟,于冠状沟和左右纵沟内延伸，沿途分支分布于心房肌和心室肌。马左冠状动脉较细，牛左冠状动脉较粗大。心静脉包括心大静脉、心中静脉、心右静脉和心小静脉。心大静脉在锥旁室间沟与锥旁室间支伴行，上行至冠状沟与回旋支伴行，末段在后腔静脉口腹侧的冠状沟内膨大形成冠状窦，开口于右心房。心中静脉在窦下室间沟伴随窦下室间支上行，开口于冠状窦。数条心右静脉沿右心室壁上行，横过冠状沟而直接开口于右心房。心小静脉在心肌中，数目较多，直接开口于右心房。

5. 心脏的传导系统　由特殊的心肌纤维构成，能自动而有节律地产生兴奋和传导兴奋，包括窦房结、房室结、房室束和浦肯野纤维。窦房结是心脏跳动的起搏点，位于前腔静脉和右心耳之间的界沟内，心外膜下。房室束为房室结的直接延续，位于室中隔内，分为右束支和左束支，除分出小支至室中隔外，还有分支通过心横肌到心室侧壁。浦肯野纤维是房室束的微细分支、交织成网，与普通心肌纤维相连。

6. 心脏的神经　有交感神经和副交感神经，主要包括颈中（椎）心神经、颈胸心神经、胸心神经、迷走神经支等，内含运动纤维和感觉纤维。

（二）心壁的组织学结构

切片：心壁横切面，HE 染色。

肉眼观察：心壁横切面较厚，染成较深的红色，切面中较不光滑的一面是心内膜，其深面分别为心肌膜和心外膜，心外膜较光滑。

低倍镜观察：移动切片，寻找不光滑的一侧即为腔面，向外观察心壁结构，心内膜紧靠腔面呈淡红色，较薄，心肌膜位于心内膜深面，很厚，着深红色，最外层是心外膜，有较多的空泡样脂肪细胞和较大的血管（图 7-5）。

高倍镜观察：

1. 心内膜　为紧贴于心房和心室内表面的一层光滑的薄膜，从内向外又分心内皮、内皮下层和心内膜下层 3 部分（图 7-6）。

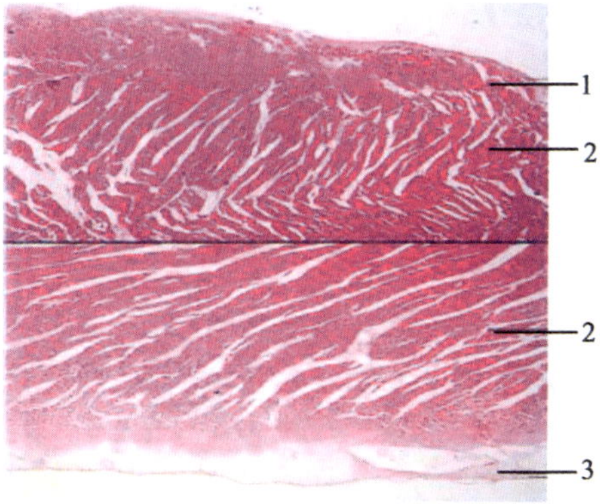

1. 心内膜　2. 心肌膜　3. 心外膜

图 7-5　心壁（HE，40×）

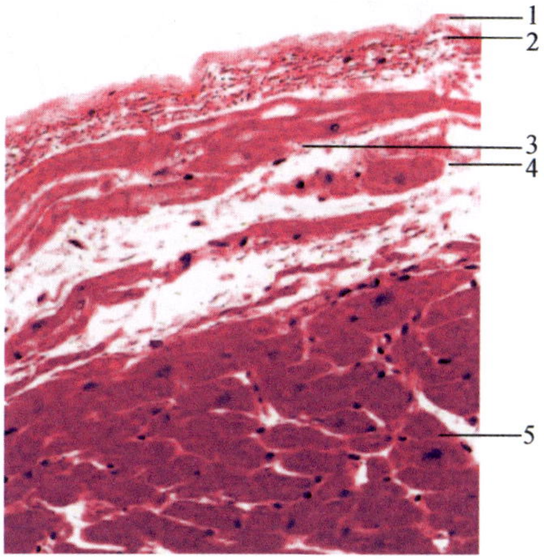

1. 内皮　2. 内皮下层　3. 浦肯野纤维
4. 心内膜下层　5. 肌层

图 7-6　心内膜光镜图（HE，200×）

内皮 高倍镜下内皮衬于腔面，属于单层扁平上皮，常呈横切面，细胞呈梭形。

内皮下层 位于内皮深面的薄层纤维结缔组织，并含有少量的平滑肌，没有血管分布，其营养物质可直接从心腔血液获得。

心内膜下层 位于心内膜最深层，与内皮下层无明显分界线。主要由疏松结缔组织组成，含心内血管、神经和浦肯野纤维，其横切面呈圆形或椭圆形，比心肌纤维大，胞质呈嗜酸性，胞核较小(偶见双核)，圆形，染色较浅，核仁明显。

2. 心肌膜 心壁的主要成分是心肌膜，构成心壁厚度的大部分。心肌膜主要由心肌纤维构成，心肌纤维以螺旋状分布，所以切片中常常见到心肌纤维的纵、横及斜等各种切面。

3. 心外膜 心壁最外层，可见到一层由疏松结缔组织和间皮构成的膜，该层很薄。有时可见心外膜的结缔组织中有成群的脂肪细胞和较大的血管。

(三)全身动静脉的主要分支

1. 全身动脉的主要分支

(1)主动脉 为体循环的动脉干，起于左心室的主动脉口，位于胸、腹腔内，可分为升主动脉、主动脉弓、胸主动脉和腹主动脉。升主动脉位于心包内，在肺动脉干和左、右心房之间上升，然后穿出心包延续为主动脉，主动脉弓向后沿胸椎腹侧延伸至膈为胸主动脉；胸主动脉穿过膈的主动脉裂孔进入腹腔称为腹主动脉。腹主动脉沿腰椎腹侧后行，至第 5～6 腰椎腹侧分为左、右髂外动脉和左、右髂内动脉。

主要分支有：左、右冠状动脉，营养心脏本身。

牛臂头动脉总干，短而粗，分出左锁骨下动脉，其主干延续为臂头动脉干(猪左锁骨下动脉由主动脉弓发出)。臂头动脉再分出右锁骨下动脉，其主干延续为双颈动脉干。双颈动脉干再分成左、右颈总动脉。臂头动脉总干分布于头、颈、前肢和胸前部(图 7-7)。

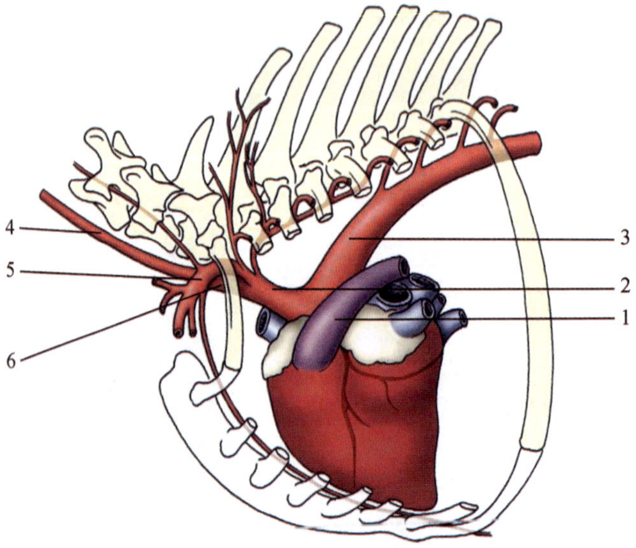

1. 肺动脉干 2. 臂头动脉干 3. 主动脉弓 4. 左颈总动脉 5. 左锁骨下动脉 6. 双颈动脉干

图 7-7 马臂头动脉干的分支

(2)胸主动脉 胸主动脉为主动脉弓向后的延续,位于第6胸椎以后的胸椎腹侧,稍偏左。

①肋间背侧动脉 与肋骨数相一致。除前数对由左锁骨下动脉和臂头动脉的分支分出外,其余均由胸主动脉分出。肋间背侧动脉在肋间隙上端分为一背侧支和一腹侧支。前者较小,分布于脊髓和脊柱背侧的肌肉及皮肤;后者沿肋骨后缘向下伸延,分布于胸侧壁的肌肉和皮肤。

②支气管食管动脉 很短,约在第6胸椎处,自胸主动脉分出,立即分为一支气管支和一食管支,分别分布于肺内支气管和食管。在牛和猪,该2支分别起于胸主动脉。

③肋腹背侧动脉 位于最后肋骨的后方,由胸主动脉分出,沿最后肋骨后缘下行,其分支分布情况与肋间背侧动脉相同。

(3)腹主动脉 为胸主动脉的直接延续,沿腰椎椎体腹侧,向后延伸至第5、第6腰椎处,分为左、右髂外动脉,左、右髂内动脉和荐正中动脉。腹主动脉向背侧分出的壁支有腰动脉,向腹侧分出的脏支有腹腔动脉、肠系膜前动脉、肾动脉、肠系膜后动脉、睾丸动脉或卵巢动脉(图7-8)。

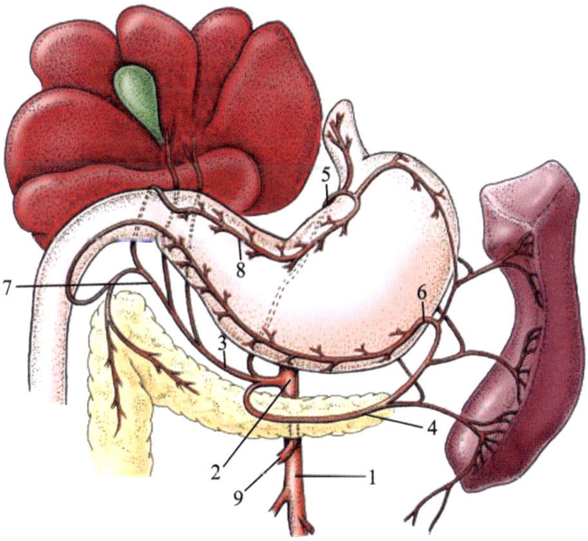

1.主动脉 2.腹腔动脉 3.肝动脉 4.脾动脉 5.胃左动脉 6.左胃网膜动脉
7.胃十二指肠动脉 8.胃右动脉 9.颅肠系膜动脉

图7-8 犬腹腔动脉

(4)头颈部动脉 左、右颈总动脉分布于头部的动脉主干,在颈静脉沟深部与颈内静脉以及迷走交感神经干伴行,向上沿气管或食管的外侧向前向上伸延,在寰枕关节腹侧分为枕动脉、颈内动脉和颈外动脉。在分叉处的角内,有一颈动脉球或称为颈动脉体。在颈内动脉或枕动脉的起始处,血管稍膨大称为动脉窦。

(5)骨盆部和尾部的动脉 腹主动脉在第5、第6腰椎处,分为左、右髂外动脉和左、右髂内动脉及荐正中动脉。

①髂内动脉 分布于骨盆腔的动脉干,沿荐骨翼和荐结节阔韧带的内侧面向后延伸,沿途分脐动脉、髂腰动脉、臀前动脉、前列腺动脉(阴道动脉)和臀后动脉,主干延续为阴部内动脉。

②荐正中动脉 沿荐骨盆面向后延伸,在荐部分出3~4支脊支,经荐腹侧孔进入椎孔;在第1尾椎处分出左、右尾背侧动脉和左、右腹侧动脉,主干延续为尾正中动脉,沿尾椎腹侧的血

管沟继续后伸。临床上常在牛尾根下方探知脉搏。水牛多数无荐正中动脉，其尾正中动脉由左、右荐外侧动脉汇合而成。

(6)前肢的动脉　左、右腋动脉是左、右前肢的动脉主干，为左、右锁骨下动脉的直接延续，沿前肢的内侧向指端伸延。在肩关节内侧的一段为腋动脉，在臂部为臂动脉，在前臂部为正中动脉，在掌部为掌心浅动脉。在系关节上方分为数支，分布于指部。

(7)后肢的动脉　左、右髂外动脉为左、右后肢的动脉主干，沿髂骨前缘和后肢内侧面向趾端伸延。在腹腔内的一段为髂外动脉，在股部为股动脉，在膝关节后方为腘动脉，在胫骨背外侧面为胫前动脉，在跖骨背外侧面为跖背外侧动脉(马)或跖骨背侧面为跖背侧动脉(牛)。

2. 全身静脉的主要分支　体循环中动物全身的血液经各级静脉，最终汇集成前腔静脉、后腔静脉、奇静脉和心静脉，将血液注入心脏。

(1)前腔静脉及其属支　主要汇集头颈部、前肢和胸壁静脉的血液，在胸前口处由左、右腋静脉和左、右颈静脉汇合而成，位于气管和臂头动脉总干的腹侧，在心前纵隔内向后伸延，注入右心房。

主要分属支：

①颈静脉　主要收集头颈部的血液，在腮腺后缘处由舌面静脉和上颌静脉汇合而成，沿颈静脉沟向后伸延，在胸前口处注入前腔静脉。颈静脉常作为静脉注射和采血的部位。

②腋静脉　为前肢浅静脉主干，基本与同名动脉伴行。

(2)后腔静脉及其分支　后腔静脉收集后肢、骨盆壁、骨盆腔器官、腹壁、腹腔器官和膈的静脉血液。在骨盆入口处由左、右髂总静脉汇合而成，沿腹主动脉右侧向前伸延，经过肝的腔静脉窝(在此处接受肝静脉)，穿过膈的腔静脉孔进入胸腔内，经右肺后叶和副叶之间入右心房。后腔静脉在向前伸延途中，接受腰静脉、睾丸静脉或卵巢静脉、肾静脉和肝静脉的血液。

主要属支有：

①髂内静脉　为骨盆部静脉的主干。

②髂外静脉　为后肢静脉主干，也分浅静脉干和深静脉干，深静脉干自蹄静脉干起，伴随同名动脉向上延伸。浅静脉干位于皮下，主要的一条称小腿内侧皮下静脉，最后注入股静脉。

(3)奇静脉　是一不成对的静脉，接受部分胸壁和腹壁的静脉血，也接受支气管和食管的静脉血。自第一腰椎下方起沿胸椎体右侧面向前走，其下外缘与主动脉弓之间有胸导管，后离开脊柱向前下方延伸，注入右心房。

(4)门静脉　位于后腔静脉腹侧肝门处，收集来自胃、小肠、大肠(直肠后部除外)、胰和脾的血液，经肝门入肝，在肝内反复分支汇入窦状隙，最后集合为数支肝静脉，注入后腔静脉。

(四)动静脉的组织结构

1. 中动脉

切片：中动脉横切面，HE 染色。

肉眼观察：动脉横切面呈圆形，管壁较厚。

低倍镜观察：可见中动脉呈圆形，管壁厚、管腔小而圆。从内向外观察管壁，分别观察内膜、中膜和外膜。把视野聚焦于内膜，并仔细观察内弹性膜和外弹性膜的位置。

高倍镜观察：重点观察内膜结构。

(1)内膜　中动脉内膜分为 3 层，分别是内皮、内皮下层和内弹性膜。在组织固定过程中容易使内弹性膜收缩，所以在切片上可见内膜切面呈波纹状(图 7-9)。

①内皮　是一层单层扁平上皮，位于中动脉腔面。在中动脉横切的切片中，内皮主要表现为梭形，细胞细长，细胞质嗜酸性，细胞核椭圆形，嗜碱性，有核的位置向腔面凸出。

②内皮下层　在内皮和内弹性膜之间有一薄层疏松结缔组织，含有少量的胶原纤维、弹性纤维和少量平滑肌。有的血管较明显，有的不明显。

③内弹性膜　中动脉内弹性膜明显，表现为波纹状，嗜酸性。它是内膜与中膜的分界线。内弹性膜由弹性纤维构成。

(2)中膜　在中动脉管壁结构中，中膜与外膜厚度相近。中膜是肌性膜，主要由环行排列的平滑肌纤维构成，平滑肌纤维间有淡红色的弹性纤维和胶原纤维。在中膜与外膜交界处有弹性纤维构成的外弹性膜。

(3)外膜　外膜与中膜厚度相近。高倍镜下可见外膜由疏松结缔组织构成，并有自养血管分布。

2. 大动脉

切片：大动脉横切面，HE 染色。

肉眼观察：大动脉为一较大管径的圆形结构。

低倍镜观察：大动脉也是由内膜、中膜和外膜组成。中膜最厚，由 50～60 层弹性膜组成，平滑肌纤维少。内弹性膜与外弹性膜均不明显。外膜比中膜薄，主要是由疏松结缔组织组成，内有自养血管(图 7-10)。

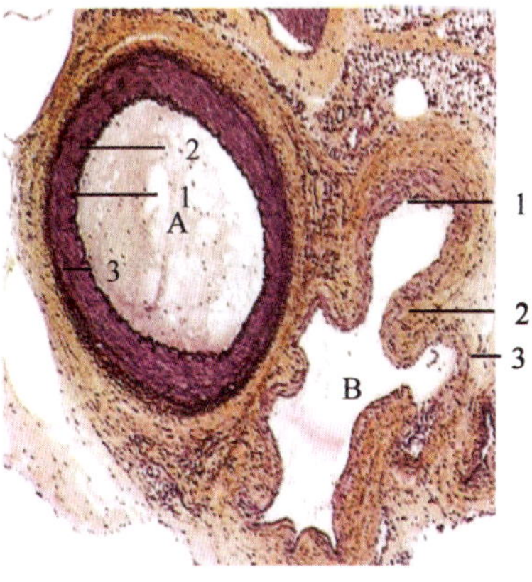

1. 内膜　2. 中膜　3. 外膜

图 7-9　A. 中动脉；B. 中静脉(HE，100×)

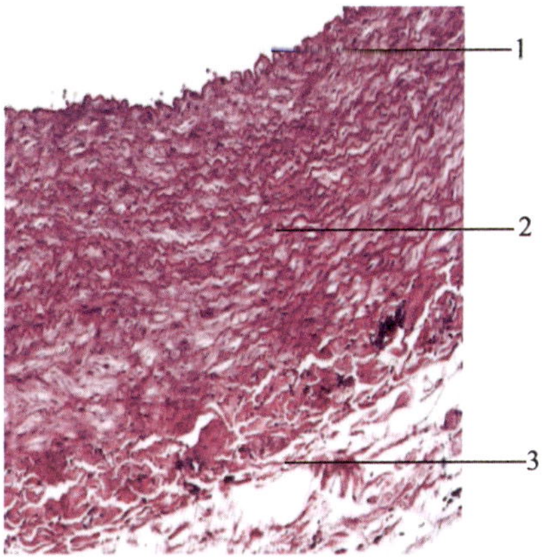

1. 内膜　2. 中膜　3. 外膜

图 7-10　大动脉(HE，200×)

3. 毛细血管

切片：毛细血管纵、横切面，HE 染色。

低倍镜观察：在纵切部位(图 7-11)，移动视野可见，管径最细的管道为毛细血管，只有少数血细胞，一般毛细血管管径只能容纳 1 个血细胞通过。

高倍镜观察：在横切部位(图 7-12)观察，毛细血管管壁由 1～2 个单层扁平细胞构成，此为内皮细胞，细胞两端细长，核梭形或圆形，凸向管腔。在内皮细胞围成的管壁外，移动视野可见 1 种扁平细胞的周细胞，细胞核呈圆形，嗜碱性。最外有一薄层基膜。纵切可见，毛细血管管径很细，只容 1 个细胞通过。

4. 中静脉

切片：中静脉横切，HE 染色。

肉眼观察：呈扁圆形或不规则形。

低倍镜观察：注意与中动脉的区别。中静脉管壁薄，管腔大，常塌陷而呈不规则形。

高倍镜观察：与中动脉比较有下列特点（图 7-9）。

内膜不发达，由内皮和内皮下层构成，未见内弹性膜。

中膜较薄，平滑肌层数少。

外膜比中膜厚，由疏松结缔组织构成。内有散在的纵行平滑肌束和自养血管。

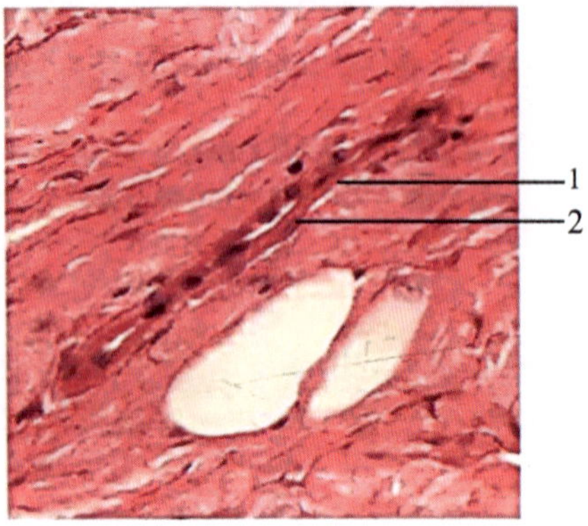

1. 毛细血管　2. 血细胞

图 7-11　毛细血管纵切（HE，400×）

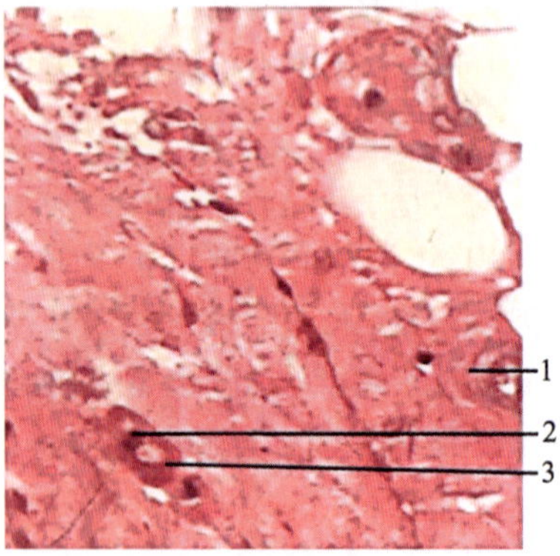

1. 毛细血管　2. 周细胞　3. 内皮

图 7-12　毛细血管横切（HE，400×）

三、作业

1. 简述心脏的位置形态与结构特点。
2. 胸腔血管有哪些主要分支？
3. 腹腔血管有哪些主要分支？
4. 绘制高倍镜下心壁、中动脉组织结构。

实验八　免疫系统

一、目的与要求

1. 掌握动物主要淋巴器官的解剖特点。

2. 掌握动物主要淋巴结的分布。

3. 掌握淋巴结和脾的组织构造及二者在组织结构上的异同点，了解它们在免疫过程中的动态变化。

4. 了解胸腺、骨髓和禽类腔上囊的结构特点及 B、T 淋巴细胞的分化、发育过程。

二、实验内容与实验方法

(一)动物胸腺的形态、位置和结构

胸腺是 T 淋巴细胞增殖分化的场所，位于胸腔前部纵隔内，分颈、胸两部，呈红色或粉红色，质地柔软。奇蹄类和肉食类动物的胸腺主要位于胸腔内，反刍类动物和猪的胸腺在颈部也很发达，可向前延伸到喉部(图 8-1)。胸腺在幼畜发达，性成熟时发育完全，体积最大，然后逐渐萎缩，到老年几乎被脂肪组织所替代，但并不完全消失，在胸腺原位的结缔组织中仍可找到有活性的胸腺结构。

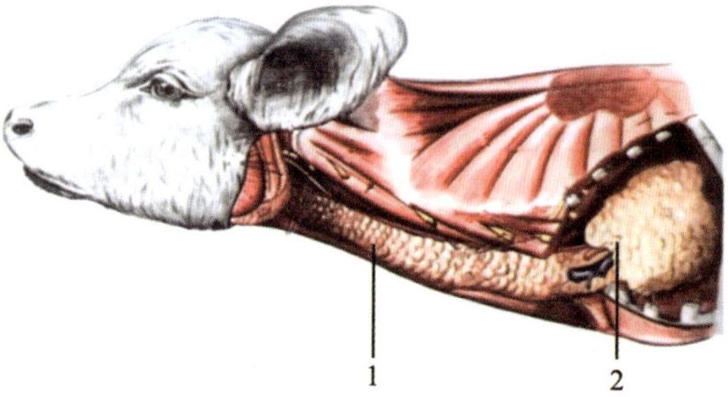

1. 颈部胸腺　2. 胸部胸腺

图 8-1　犊牛的胸腺模式图

(二)胸腺的组织学结构

切片：小牛或幼犬胸腺，HE 染色。

肉眼观察：胸腺切片着较深的蓝紫色，由淡红色的结缔组织分隔成小叶。

低倍镜观察：从外向内分辨出被膜、伸入实质中的小叶间隔、胸腺小叶内的皮质和髓质等结构，可见胸腺小叶周围着深蓝色的部分为皮质，中央着淡红色的为髓质(图 8-2)。

高倍镜观察：

1. 被膜和小叶间隔　被膜位于胸腺表面，由薄层结缔组织构成。结缔组织伸入实质形成

小叶间隔，把实质分隔成不完全的小叶。切面中常见相邻小叶的髓质相互连接。

2. 皮质　主要由胸腺上皮细胞构成支架，内有大量淋巴细胞（又称胸腺细胞）及少量巨噬细胞。被膜下胸腺上皮细胞仅位于被膜下和小叶间隔旁，为扁平上皮细胞。在皮质部，胸腺上皮细胞变为星形上皮细胞（图 8-3），细胞较大，且有多个突起，胞核圆形，位于中央，细胞突起之间连接成网状支架，并围绕于毛细血管的周围，形成血-胸腺屏障。但在切片上，由于淋巴细胞密集，不易观察到细胞全貌。淋巴细胞多而密集于胸腺皮质内，皮质浅层为大、中淋巴细胞，深层为小淋巴细胞。巨噬细胞数量较多，分散在淋巴细胞之间。

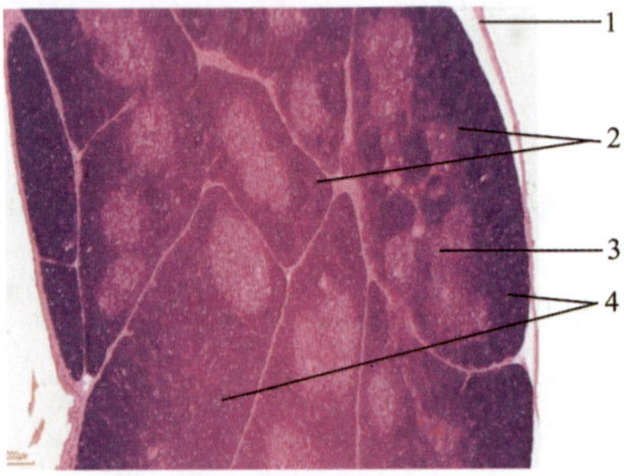

1. 被膜　2. 胸腺小叶　3. 髓质　4. 皮质

图 8-2　胸腺（HE，200×）

（徐之勇 供图）

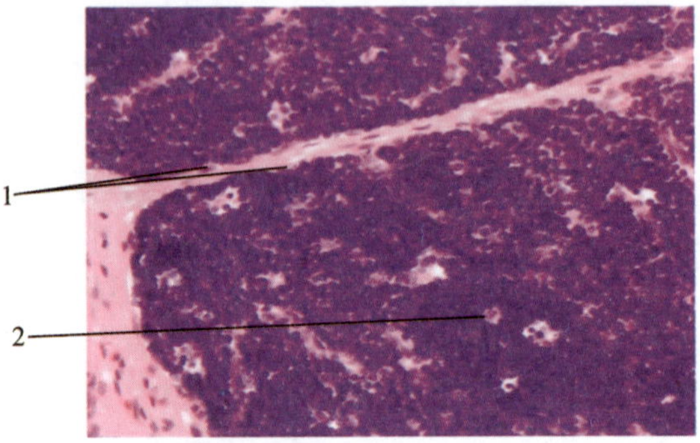

1. 被膜下胸腺上皮细胞　2. 星形上皮细胞

图 8-3　胸腺（HE，400×）

（徐之勇 供图）

3. 髓质　位于胸腺小叶中心。髓质上皮细胞呈球形或多边形，胞体较大，上皮细胞之间分散有少量的淋巴细胞，在髓质可见到一处或多处略呈圆形并由多个呈扁平状的胸腺小体上皮细胞围成的淡红色的结构即为胸腺小体（图 8-4，图 8-5），小体外层上皮细胞可见蓝紫色的细胞核，中央部上皮细胞的胞核模糊不清或消失。胞质呈均匀嗜酸性，常融合在一起。

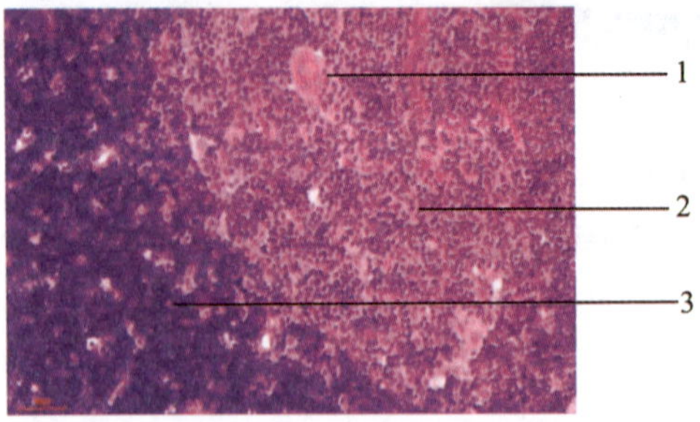

1. 胸腺小体　2. 髓质　3. 皮质

图 8-4　胸腺（HE，400×）

（徐之勇 供图）

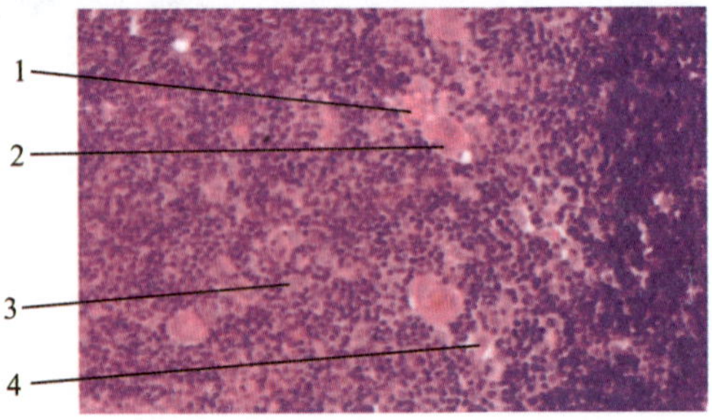

1. 毛细血管　2. 胸腺小体上皮细胞

3. 髓质上皮细胞　4. 巨噬细胞

图 8-5　胸腺（HE，400×）

（徐之勇 供图）

（三）动物脾的形态、位置和结构

脾位于腹腔前部，胃的左侧，是动物体内最大的淋巴器官，具有造血、滤血、灭血、贮血及参与机体的免疫等功能。脾的壁面光滑而隆凸，与膈和左侧腹壁相适应；脏面较平，近中央有1条长嵴为脾门所在处，供神经、血管及淋巴管出入（图 8-6，图 8-7）。

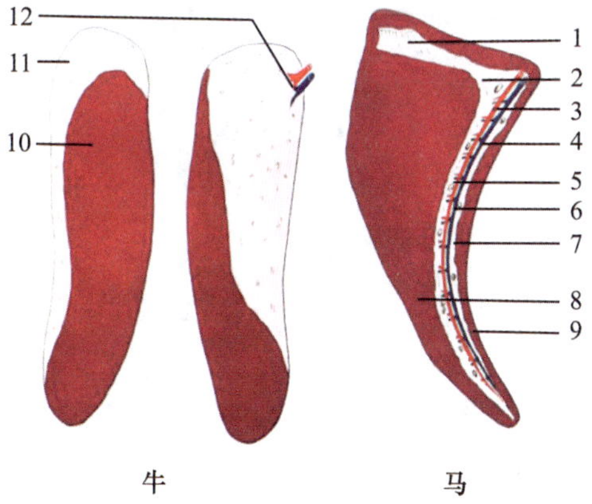

1. 肾脾韧带　2. 膈脾韧带　3. 脾动脉　4. 脾静脉　5. 脾门　6. 脾淋巴结　7. 大网膜附着区　8. 肠面　9. 胃面　10. 被腹膜覆盖的游离部　11. 贴着瘤胃的区域　12. 脾门处脾动脉和脾静脉

图 8-6　牛和马的脾示意图

（引自：陈耀星等，2009）

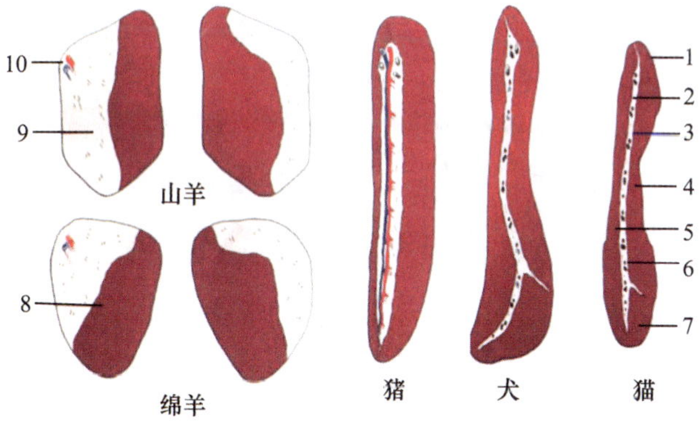

1 背侧端　2. 脾门　3. 大网膜附着区　4. 胃面　5. 肠面　6. 脾动脉和脾静脉　7. 腹侧端　8. 被腹膜覆盖的游离部　9. 贴着瘤胃的区域　10. 脾门处脾动脉和脾静脉

图 8-7　小型反刍动物、猪、犬和猫的脾示意图

（引自：陈耀星等，2009）

1. 猪脾　狭而长，呈紫红色，质地较软。位于胃大弯左侧，以宽松的胃脾韧带与胃大弯相连(图 8-8)。

2. 牛脾　呈长而扁的椭圆形，蓝紫色，质地较硬。位于腹腔左季肋部，瘤胃背囊左前方。上部以腹膜和结缔组织与左膈脚及瘤胃背囊壁相连，下端游离(图 8-8)。

3. 羊脾　扁而平，略呈三角形，红紫色，质地较软，位于瘤胃左侧(图 8-9)。

4. 马脾　呈扁平镰刀形，上宽下窄，蓝红或铁青色。位于腹腔左季肋部，沿胃大弯左侧附着。前缘凹，其内侧有一纵沟，为脾门所在地。后缘凸，其上端可达最后肋骨后方。

5. 犬脾　略呈镰刀形，上端窄而稍弯，下端较宽，深红色。位于胃左侧与左肾之间。脾门位于脏面中部，由上端延伸至下端，并形成脾门隆起。

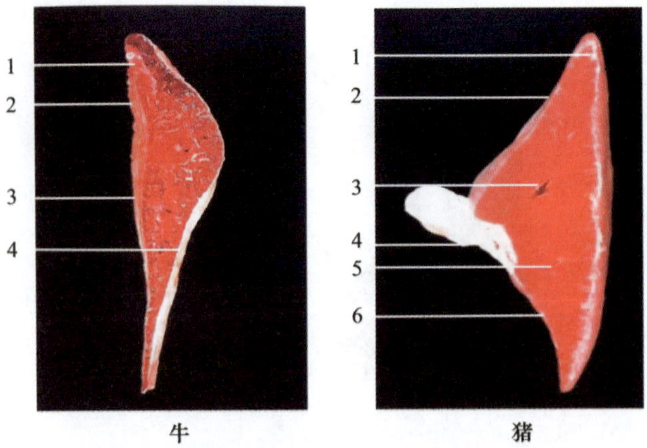

牛:1.脾门处的脾动脉和脾静脉 2.贴着瘤胃的区域 3.脏面 4.膈面
猪:1.膈面 2.脏面 3.小梁血管 4.脾门 5.小梁结缔组织 6.浆膜

图 8-8 牛和猪脾横切面

(引自:陈耀星等,2009)

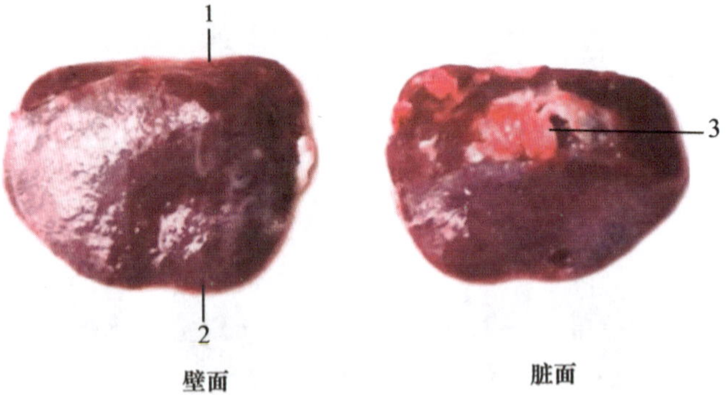

1.背侧缘 2.腹侧缘 3.脾门

图 8-9 山羊脾

(四)脾的组织学结构

观察切片时应注意与淋巴结做比较,分析它们在组织结构上的异同点。

切片:牛脾,HE 染色。

肉眼观察:切面呈三角形或长椭圆形,表面呈粉红色的为被膜,其中呈紫红色的部分为红髓,散布于红髓间的蓝色小点为白髓。

低倍镜观察:在镜下从外向内辨别被膜、小梁、红髓、白髓和边缘区(图 8-10,图 8-11)。

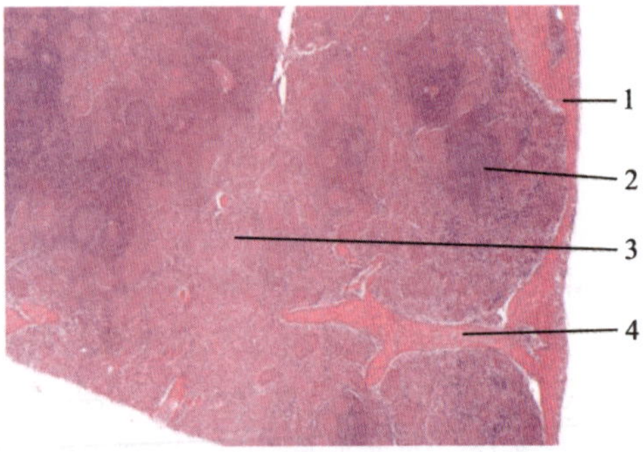

1.被膜 2.白髓 3.红髓 4.小梁

图 8-10 脾(HE,100×)

(徐之勇 供图)

高倍镜观察:

1.被膜和小梁 脾的表面覆盖着浆膜,由表面间皮和深层的结缔组织构成,可见间皮的细胞核整齐地排列于脾的表面。浆膜下是被膜,由致密结缔组织和大量平滑肌纤维构成。结缔组织和平滑肌纤维深入实质,形成许多分支状小梁，在切面上可见许多粗大的肌性小梁的断面。

2. 白髓　散在于红髓间，为略呈圆形、着蓝紫色的致密淋巴组织团块，由动脉周围淋巴鞘和脾小体共同构成。在切面上可见动脉周围淋巴鞘是围绕着1～2个小动脉(中央动脉)周围较厚的弥散淋巴组织(图8-11，图8-12)，由大量T淋巴细胞、少量巨噬细胞和交错突细胞等构成。脾小体是位于动脉周围淋巴鞘一侧的淋巴小结，主要由B淋巴细胞构成，也有生发中心、明区、暗区和小结帽等结构。

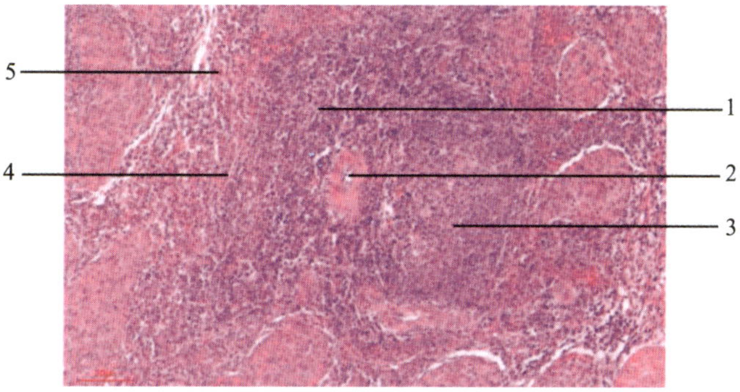

1. 动脉周围淋巴鞘　2. 中央动脉　3. 脾小结　4. 边缘区　5. 红髓

图8-11　脾(HE，200×)

(徐之勇 供图)

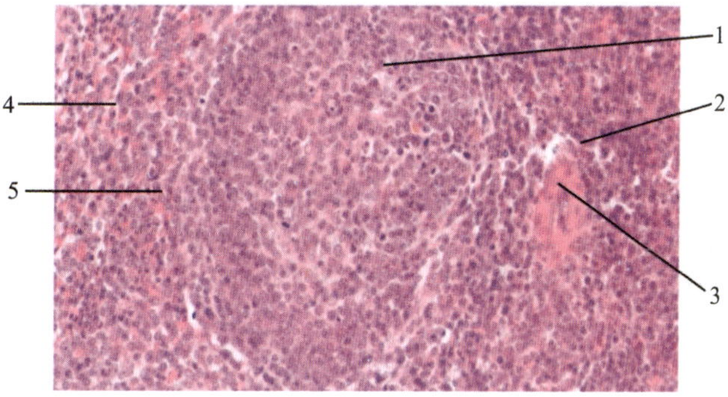

1. 脾小结　2. 动脉周围淋巴鞘　3. 中央动脉　4. 红髓　5 边缘区

图8-12　脾(1)(HE，400×)

(徐之勇 供图)

3. 边缘区　位于红髓与白髓交界处(图8-11，图8-12)，呈红色，细胞排列较白髓稀疏，但较红髓密集。此处主要含B淋巴细胞，也含T淋巴细胞、巨噬细胞、浆细胞和各种血细胞。

4. 红髓　分布于被膜下、小梁周围、白髓和边缘区的外侧，由脾索和脾窦构成(图8-13)。脾索在切面上呈索条状，由网状组织、T淋巴细胞、B淋巴细胞、浆细胞和其他白细胞构成。脾窦位于脾索之间，又称为脾血窦，可有纵、横、斜等切面，窦壁的长杆状内皮细胞含核部分较厚，并突向管腔。管腔大小不等，内含各种血细胞。另可见巨噬细胞附着于脾窦壁外。通常由于动物放血后，脾窦收缩变窄，以致在切面上难以分辨脾索和脾窦。

(五)淋巴结的一般形态结构和主要的淋巴结分布

淋巴结是机体淋巴回流途径中的周围淋巴器官，数量众多，大小不一，直径从1 mm到数

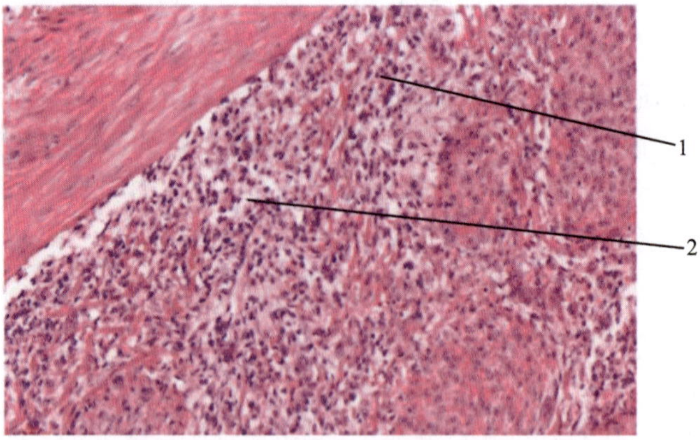

1. 脾索 2. 脾窦

图 8-13 脾(2)(HE,400×)

(徐之勇 供图)

厘米不等,呈球形、卵圆形、豆形、肾形和扁平状等,一侧凹陷为淋巴结门,是输出淋巴管、血管及神经出入处,另一侧隆凸,有多条输入淋巴管进入(猪的相反)。

一个淋巴结或淋巴结群常位于身体的同一个部位,并且接受几乎相同区域的输入淋巴管,这个淋巴结或淋巴结群就是该区域的淋巴中心。马的淋巴结数目一般比牛多,许多同名的淋巴结,在牛常由一个大的淋巴结组成,而在马则是由许多小的淋巴结组成淋巴结簇(图 8-14 至图 8-17)。

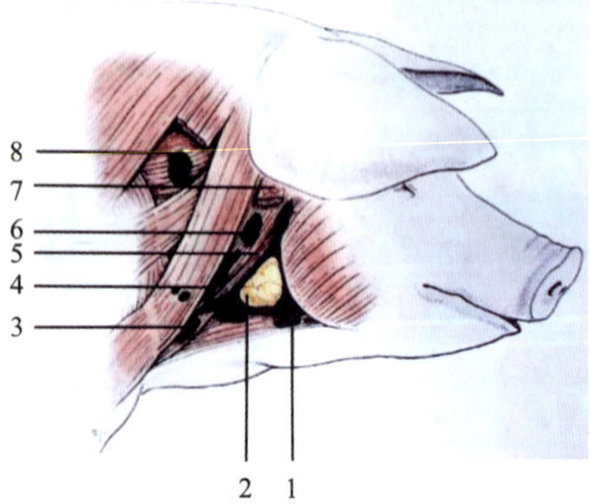

1. 下颌淋巴结 2. 颌下腺 3. 颈浅腹侧淋巴结
4. 颈浅中淋巴结 5. 腮腺淋巴结 6. 咽后外侧淋巴结
7. 腮腺(断面) 8. 颈浅背侧淋巴结

图 8-14 猪头部和颈前部的淋巴结示意图

(引自:陈耀星等,2009)

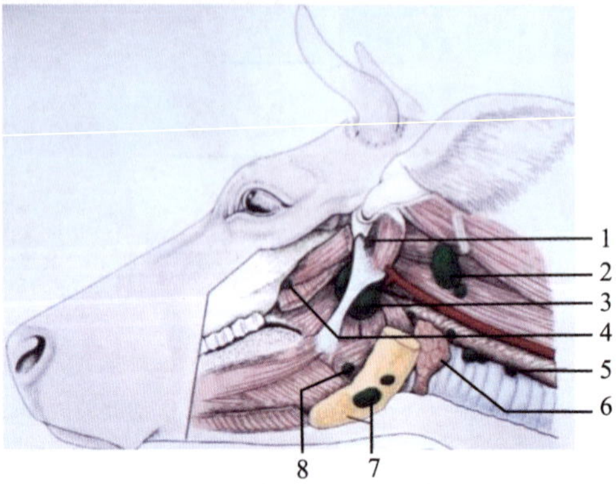

1. 舌骨后淋巴结 2. 咽后外侧淋巴结 3. 咽后内侧淋巴结
4. 翼肌淋巴结 5. 颈深前侧淋巴结
6. 甲状腺 7. 颌下腺与下颌淋巴结 8. 舌骨前淋巴结

图 8-15 牛头部和颈前部的深层淋巴结示意图

(引自:陈耀星等,2009)

1. 主要浅层淋巴结

下颌淋巴结 位于下颌间隙,牛有 1～3 个小淋巴结;猪有 2～5 个小淋巴结;马的下颌淋巴结双侧共有 70～150 个,形成一个"V"形长链。

腮腺淋巴结 位于颞下颌关节的后下方,被腮腺部分覆盖。牛有 1 个大的或 2～4 个小淋巴结;马有 6～10 个小淋巴结。

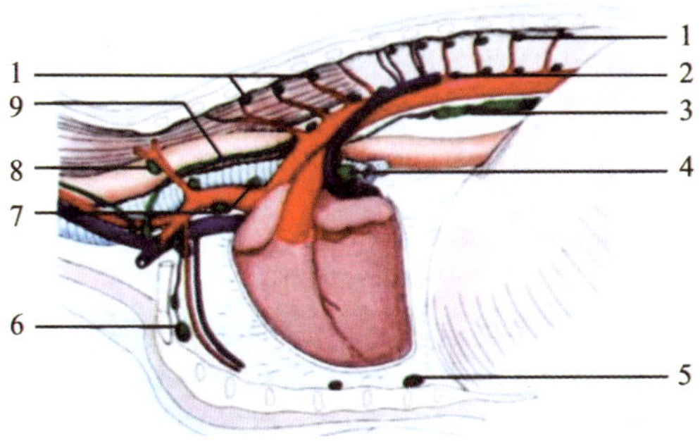

1. 肋间淋巴结　2. 胸主动脉淋巴结　3. 纵隔后淋巴结
4. 气管支气管左淋巴结　5. 胸骨后淋巴结
6. 胸骨前淋巴结　7. 纵隔前淋巴结
8. 肋颈淋巴结　9. 胸导管

图 8-16　牛胸腔淋巴结示意图

（引自：陈耀星等，2009）

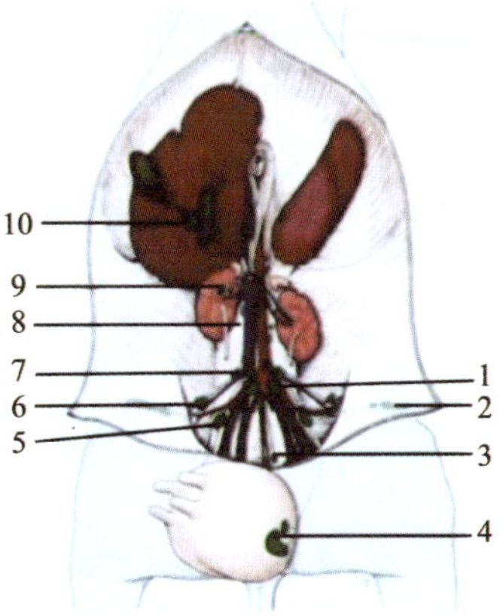

1. 荐淋巴结　2. 髂下淋巴结　3. 肛门直肠淋巴结
4. 乳腺淋巴结或腹股沟浅淋巴结
5. 髂股淋巴结或腹股沟深淋巴结
6. 髂外侧淋巴结　7. 髂内侧淋巴结
8. 腰主动脉淋巴结　9. 肾淋巴结　10. 肝淋巴结

图 8-17　牛腹腔腹侧面观淋巴结和淋巴集合管示意图

（引自：陈耀星等，2009）

颈浅淋巴结　又称肩前淋巴结，位于肩关节上方，臂头肌和肩胛横突肌之下。

腹股沟浅淋巴结　腹底壁后部、腹股沟管外环附近的一群淋巴结。因性别差异而有不同名称：阴囊淋巴结在公畜精索后上方、阴茎背侧；乳房淋巴结在母畜乳房基底部后上方两侧。

腘淋巴结　位于臀股二头肌和半腱肌之间，腓肠肌长头的脂肪中。

2. 主要深层淋巴结

肺淋巴结　有数个，沿肺内支气管分布。

肝淋巴结　一般有 1～3 个，有时多达 10 个，沿门静脉分布。

胃淋巴结　大小为 0.5～4 cm，数目多，分布于胃的血管沿途。

肠系膜前淋巴结　2～3 个，位于肠系膜前动脉起始处附近。

空肠淋巴结　数目很多，大小不一，牛有 30～50 个，最大达 10 cm 以上，分布在空肠系膜内，沿结肠旋袢与空肠呈长条形念珠状分布，总长达 0.5～1.2 m。

髂内侧淋巴结　左右髂外动脉起始处附近的一大群淋巴结。

髂外侧淋巴结　旋髂深动脉的前、后支处的一群淋巴结。

（六）淋巴结的组织学结构

切片：牛（或马）淋巴结，HE 染色。

肉眼观察：淋巴结切面呈豆形，一侧凹陷处为门部，外周一薄层淡红色的是被膜，被膜深面的结构中，外周紫色的部分是淋巴结皮质，中央淡红色疏松的部分是髓质。

低倍镜观察：依次分为被膜、小梁、皮质和髓质（图 8-18），然后转高倍镜依次观察各部分结构。

高倍镜观察：

1. 被膜和小梁　位于淋巴结外周的薄层淡红色被膜，主要由致密结缔组织和少量平滑肌构成。被膜上偶见输入淋巴管的切面。门部结缔组织较多并伴有输出淋巴管和血管的切面。

结缔组织从多处伸入皮质和髓质，穿行于淋巴组织中形成小梁（图 8-19），构成淋巴结的粗支架。小梁断面呈淡红色，宽窄不等，形态各异，有的小梁上可见到血管，即小梁动脉和小梁静脉。

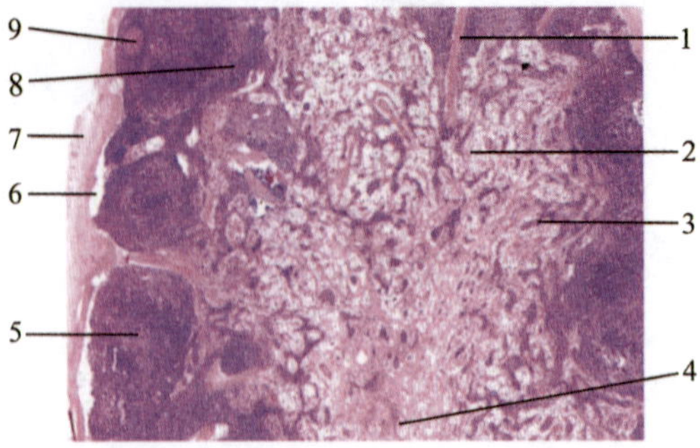

1. 小梁　2. 髓窦　3. 髓索　4. 门部　5. 淋巴小结
6. 被膜下窦　7. 被膜　8. 副皮质区　9. 生发中心

图 8-18　淋巴结（HE，100×）

（徐之勇 供图）

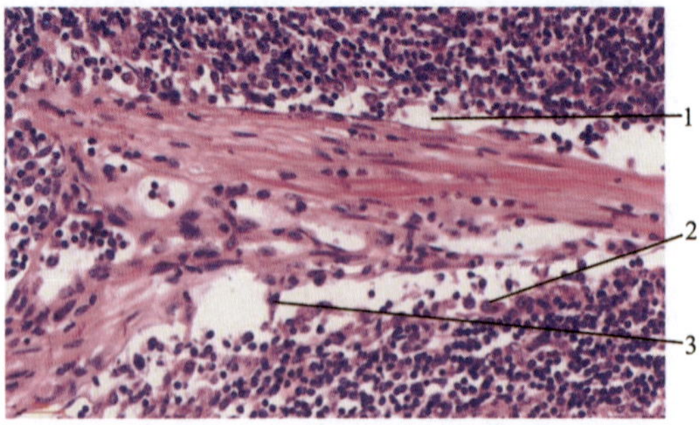

1. 小梁周窦　2. 网状细胞　3. 巨噬细胞

图 8-19　牛淋巴结(1)(HE，400×)

（徐之勇 供图）

2. 皮质　位于被膜下层的深蓝色的致密组织，又分为 3 层。

(1)浅层皮质　位于皮质浅层，如果是正在发生免疫反应的淋巴结，则可见浅层皮质中的淋巴组织密集成圆形或椭圆形的淋巴小结，小结中央的淡染区为生发中心（图 8-20），还有明区、暗区和小结帽等结构。淋巴小结内有约 95%的细胞为 B 淋巴细胞，还可见到巨噬细胞，另外还有滤泡树突细胞和 T 淋巴细胞等。如果淋巴结未处于免疫反应状态，则见不到典型的淋巴小结，在淋巴小结之间的是弥散淋巴组织。

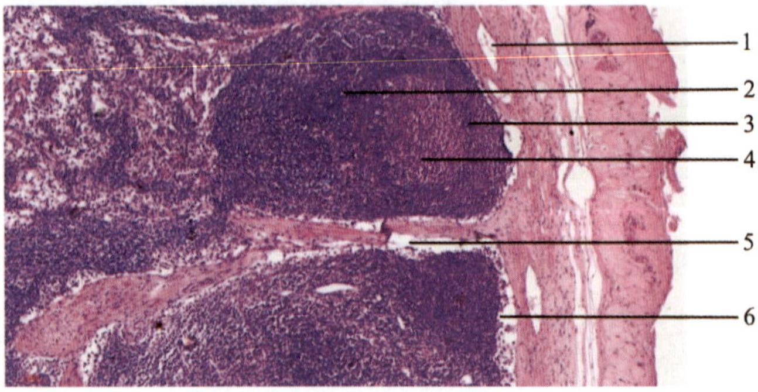

1. 输入淋巴管　2. 暗区　3. 帽区　4. 明区　5. 小梁周窦　6. 被膜下窦

图 8-20　牛淋巴结(2)(HE，400×)

（徐之勇 供图）

(2)深层皮质　又称副皮质区，位于皮质深层，为厚层弥散淋巴组织，主要由 T 淋巴细胞和巨噬细胞等构成。还可见到毛细血管后微静脉。

(3)皮质淋巴窦　移动切片至被膜深层或小梁周围，可见到一些网状的间隙，即为皮质淋巴窦。皮质淋巴窦又可分为被膜下窦和小梁周窦（图 8-19，图 8-20）。窦壁是连续性的单层扁平内皮，窦内有网状细胞、巨噬细胞和淋巴细胞等。

3. 髓质　位于淋巴结中央的疏松部分，包括紫蓝色的髓索和其周围网状的髓质淋巴窦（图 8-21）。髓索是条索状的淋巴组织，彼此吻合成网，主要由 B 淋巴细胞构成，另外还可见到浆细胞、网状细胞和巨噬细胞等(图 8-21)。髓质淋巴窦是髓索之间的疏网状区域,窦腔较大,结构与皮质淋巴窦相同,但较宽大,与输出淋巴窦相通,腔内巨噬细胞较多。

猪淋巴结(图 8-22)低倍镜观察:与牛淋巴结比较有下列特点:①含有淋巴小结及弥散淋巴组织的区域,位于淋巴结中央,含髓索和髓窦的区域则位于淋巴结的周围。②髓质淋巴组织中淋巴窦数量少而狭窄,所以髓索不明显。③被膜上多处见到输入和输出淋巴管切面。

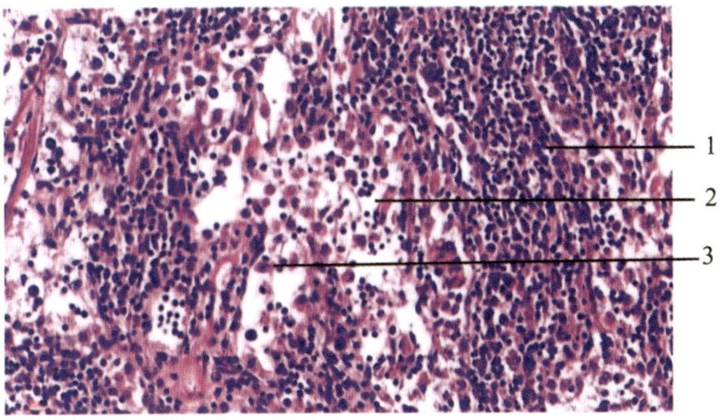

1.髓索　2.髓窦　3.巨噬细胞

图 8-21　牛淋巴结(3)(HE,400×)

(徐之勇 供图)

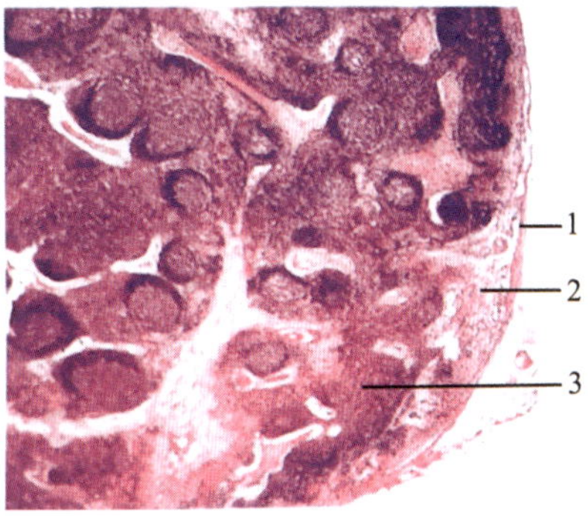

1.被膜　2.髓质　3.皮质

图 8-22　猪淋巴结 (HE,40×)

(引自:王全溪,许丽惠,2021)

(七)骨髓的组织学结构

切片:马或其他动物骨髓涂片,吉姆萨-瑞氏混合染色。

高倍镜观察:可见处于不同发育阶段的各种血细胞。如一个处于晚期幼稚阶段的红细胞(晚幼红细胞),可见细胞质从嗜碱性到嗜酸性,细胞核圆形并逐步变小,染成蓝到蓝黑色。

(八)禽类腔上囊的组织学结构

切片:禽类腔上囊横切片,HE 染色。

低倍镜观察:从内向外可见囊壁由黏膜层、黏膜下层、肌层和外膜构成。黏膜层较厚,黏膜下层、肌层和外膜较薄。黏膜向囊腔形成两个纵行大皱襞(图 8-23,图 8-24)。

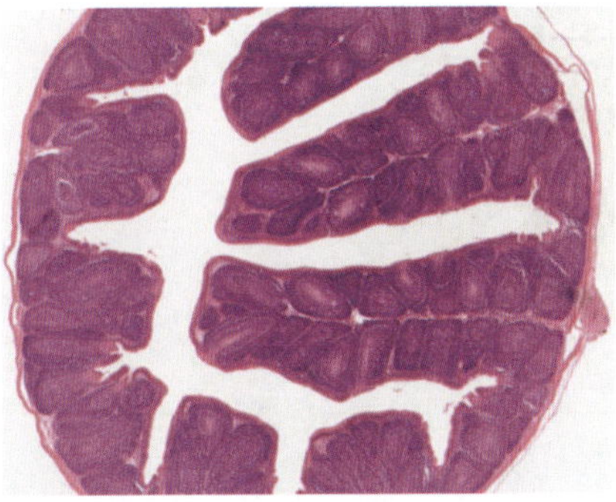

图 8-23　鸭法氏囊 (HE,40×)

(徐之勇 供图)

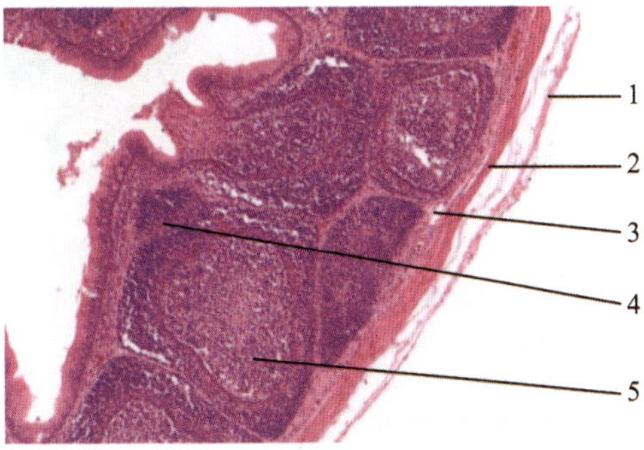

1.被膜　2.肌层　3.黏膜下层　4.黏膜层　5.淋巴滤泡

图 8-24　鸭法氏囊 (HE,200×)

(徐之勇 供图)

高倍镜观察:从内向外观察,可见皱襞黏膜上皮为假复层柱状上皮。固有层的疏松结缔组织中有许多圆形或椭圆形或不规则多边形的淋巴小结样结构,称淋巴滤泡(图 8-24)。每个滤泡包括外周着色深的皮质、中央着色浅的髓质及介于两者之间的由一层上皮细胞构成的中间层。皮质由稠密的中小淋巴细胞、巨噬细胞和上皮性网状细胞构成。髓质由上皮性网状细胞、大中淋巴细胞和巨噬细胞组成(图 8-25)。

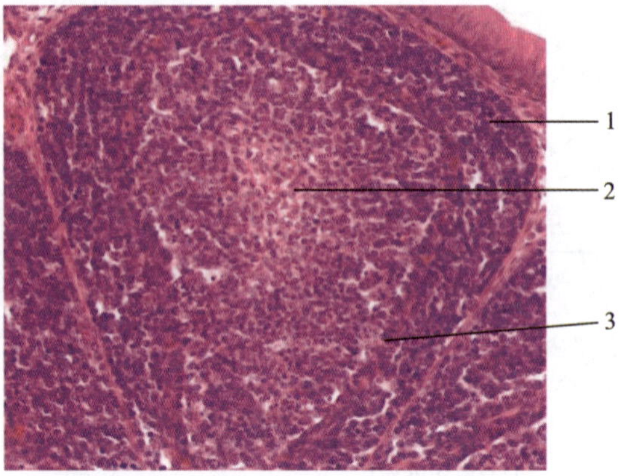

1. 皮质　2. 髓质　3. 中间层

图 8-25　鸭法氏囊 (HE,400×)

(徐之勇 供图)

三、作业

1. 结合所学知识及查阅相关资料,请在下图中标明各数字所代表的淋巴结的名称。

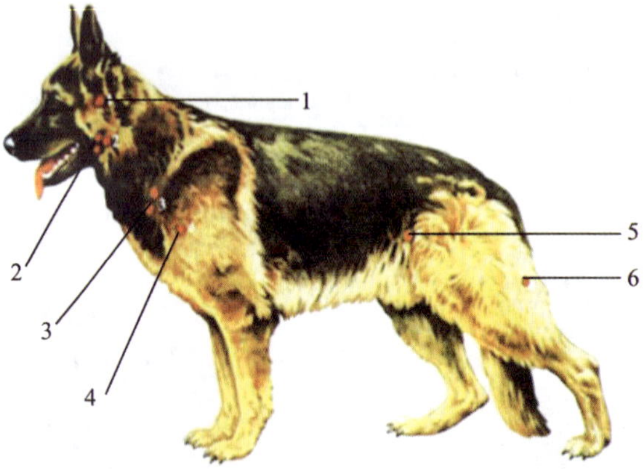

1. ________　2. ________　3. ________　4. ________　5. ________　6. ________

2. 绘制低倍镜下部分牛(羊)淋巴结结构图。
3. 绘制低倍镜下部分脾结构图。

实验九　神经系统

一、目的与要求

1. 掌握主要神经器官的解剖特点。
2. 掌握脑和脊髓的分布。
3. 掌握大脑、小脑和脊髓的组织构造及在组织结构上的异同点。
4. 了解12对脑神经的分布。

二、实验内容与实验方法

(一)脊髓

1. 脊髓的位置、形态

(1)脊髓的外部结构　脊髓(spinal cord)位于椎管内，呈白色，背、腹略扁的长圆柱状。按所在部位可分为颈、胸、腰、荐、尾五段(图9-1)。

脊髓表面有几条纵行的沟，分别为背正中沟、背外侧沟、腹正中裂和腹外侧沟。

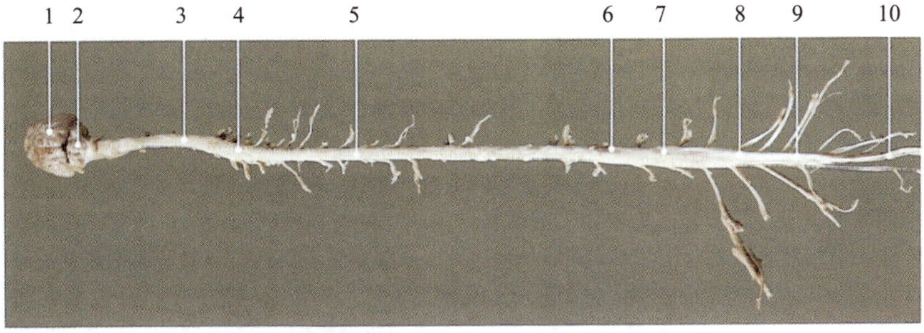

1. 大脑　2. 小脑　3. 颈段脊髓　4. 颈膨大　5. 胸段脊髓　6. 腰段脊髓　7. 腰膨大　8. 荐段脊髓　9. 尾段脊髓　10. 马尾

图9-1　羊脑和脊髓

(引自:陈耀星等,2013)

(2)脊髓的内部结构　脊髓的横切面上(图9-2)，可见中央有一纵行小管，称中央管。在脊髓内部中央管的周围是灰质(grey matter)，灰质的外周为白质(white matter)。

灰质呈"H"形，分为背侧角、腹侧角和外侧角或背侧柱、腹侧柱和外侧柱。

白质主要由纵行的神经纤维束组成。分为3对索:背侧索、外侧索和腹侧索。

2. 脊髓的组织学结构

切片:脊髓，横切面，HE染色或银染(图9-3，图9-4)。

肉眼观察:脊髓横切面呈椭圆形，中间染色较深、呈蝴蝶形的是灰质(grey matter)，灰质周

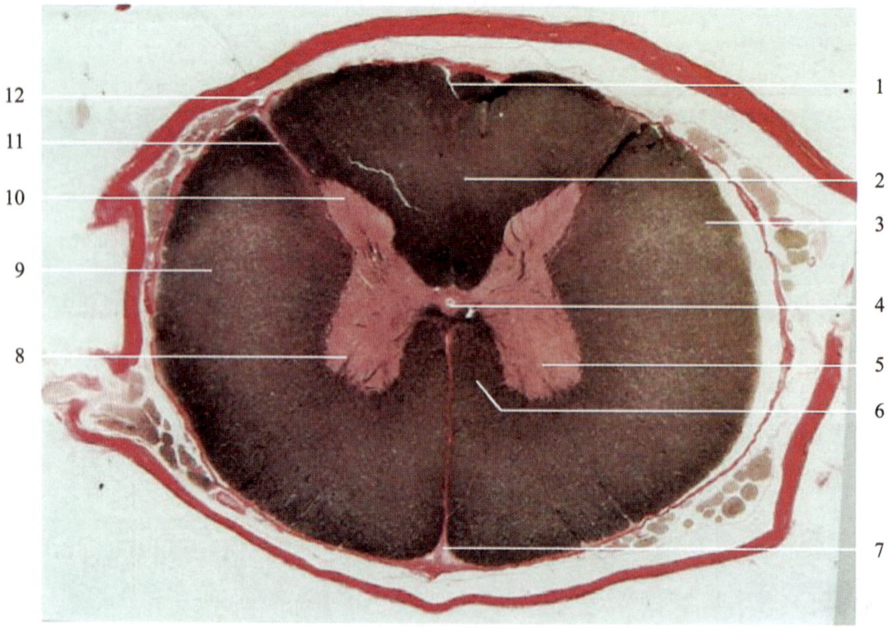

1.背正中沟 2.背侧索 3.白质 4.中央管 5.灰质 6.腹侧索 7.腹正中裂
8.腹侧角 9.外侧索 10.背侧角 11.背侧根 12.背外侧沟

图 9-2 脊髓横切面

(引自:陈耀星等,2013)

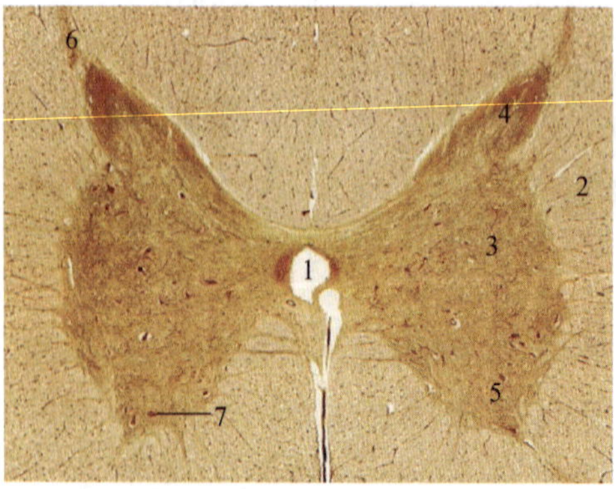

1.中央管 2.白质 3.灰质 4.背侧角
5.腹侧角 6.背侧根 7.运动神经元

图 9-3 脊髓横切(银染,低倍镜)

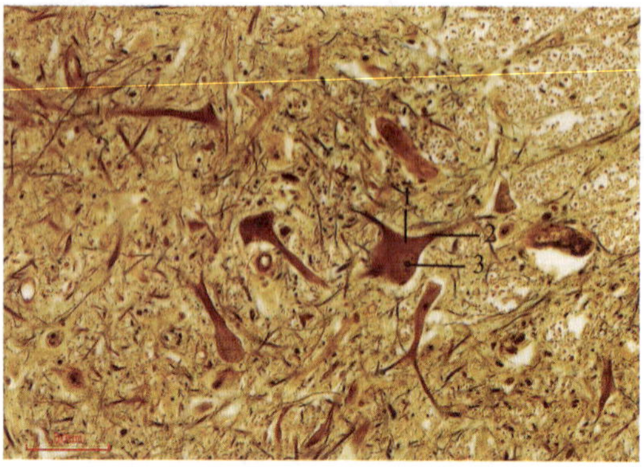

1.多极神经元 2.突起 3.核仁

图 9-4 脊髓神经元(银染,高倍镜)

围染色浅的是白质(white matter)。灰质有 4 个角,比较窄的为后角,比较宽的为前角。

低倍镜观察:位于脊髓表面有结缔组织构成的脊髓膜。白质包围着灰质,主要由粗细不等的神经纤维和神经胶质细胞组成,神经纤维大部分是有髓神经纤维。灰质由大量神经元胞体和少量神经纤维靠神经胶质连接在一起。灰质前角中多极神经元体积较大,后角中神经元较小,数量较少。灰质中央一圆形小孔为中央管。

高倍镜观察:灰质中神经元胞体较大,突起很多,神经元之间有很多神经胶质细胞的细胞核，着色较深。白质有大量的有髓神经纤维，呈大小不等的圆形，中间的小点为轴突。神经纤维间散在分布着染色较深的神经胶质细胞的细胞核。中央管管壁有1层柱状的室管膜细胞。

(二)脑

1. 脑的位置、形态 脑(encephalon)位于颅腔内，后端在枕骨大孔处与脊髓相连。脑可分为大脑、小脑、间脑、中脑、脑桥和延髓。通常把中脑、脑桥和延髓合称为脑干(图9-5至图9-7)。

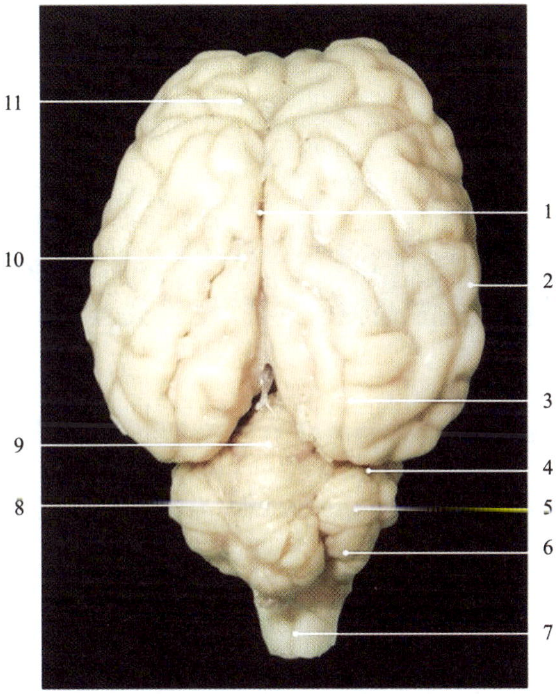

1.大脑纵裂 2.颞叶 3.枕叶 4.大脑横裂 5.小脑半球 6.后叶 7.脊髓
8.小脑蚓部 9.前叶 10.顶叶 11.额叶

图9-5 山羊脑背侧观

(引自:陈耀星等,2013)

(1)大脑 大脑(cerebrum)后端以大脑横裂与小脑分开，背侧被大脑纵裂分为左、右2个大脑半球，纵裂底有连接两侧大脑半球的胼胝体。每侧大脑半球包括大脑皮质、白质、嗅脑、基底核和侧脑室。大脑皮质是覆盖于大脑半球表面的一层灰质，皮质表面凹凸不平，凹陷处称为脑沟，沟间的隆起称脑回。大脑皮质背外侧面可分为4叶，前部为额叶，是运动区；后部为枕叶，是视觉区；背侧部为顶叶，是一般感觉区；外侧部为颞叶，是听觉区。

(2)小脑 小脑(cerebellum)略呈球形，位于大脑半球的后方，在延髓和脑桥的背侧，构成第4脑室顶壁，表面有许多沟和回。小脑被2条纵沟分为中间的蚓部和两侧的小脑半球。小脑以3对小脑脚连于脊髓、脑干和间脑。

(3)间脑 间脑(diencephalon)位于中脑前方，背侧被大脑半球遮盖。间脑的腔隙为第3脑室。间脑可分为丘脑、上丘脑、后丘脑、下丘脑和底丘脑5部分。

(4)中脑 中脑(midbrain)位于脑桥和间脑之间，由背侧的中脑顶盖、腹侧的大脑脚及两者之间的中脑导水管构成。

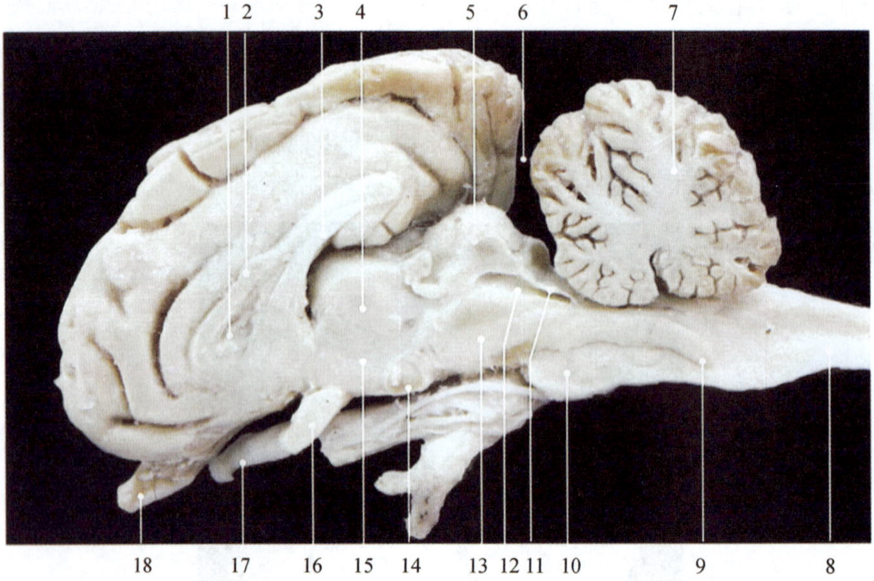

1.侧脑室　2.胼胝体　3.穹隆　4.丘脑间黏合　5.四叠体　6.大脑横裂　7.小脑
8.脊髓　9.延髓　10.脑桥　11.前髓帆　12.中脑导水管　13.大脑脚　14.乳头体
15.第3脑室　16.视交叉　17.视神经　18.嗅球

图 9-6　羊脑正中矢状面

（引自:陈耀星等,2013）

(5)脑桥　脑桥(pons)位于小脑腹侧,在中脑和延髓之间。腹侧面为横行隆起,正中央有一纵行的基底沟。脑桥腹侧部从两侧向背侧伸入小脑,形成小脑中脚或脑桥臂。脑桥背侧面凹,形成第4脑室底的前部。在背侧部的前端两侧有联系小脑和中脑、间脑的小脑前脚或结合臂。脑桥在横切面上可分为背侧的被盖部和腹侧的基底部。

(6)延髓　延髓(medulla oblongata)为脑干的末段,呈前宽后窄,背腹侧稍扁的锥形。前端连脑桥,后端在枕骨大孔处接脊髓,背侧面大部分被小脑覆盖。延髓腹侧面有腹正中裂,裂两侧的纵行隆起称锥体,在锥体后方,大部分纤维左、右交叉,形成锥体交叉(pyramidal decussation)。在延髓前端,锥体的两侧有一窄的横行隆起,称斜方体(trapezoid body)。

2.大脑的组织学结构

切片:猪大脑,HE染色(或银染)(图9-8,图9-9)。

肉眼观察:表面凹凸不平,凸起部分为脑回,凹陷部分为脑沟,表面着色较深的为大脑皮质,中央着色较浅的是髓质。

低倍镜观察:大脑皮质由许多大小形状不一的神经元、神经胶质细胞和少量无髓神经纤维构成。神经元分为锥体细胞、颗粒细胞和梭形细胞。大脑皮质由外向内可分为6层:分子层、外颗粒层、外锥体细胞层、内颗粒层、内锥体细胞层和多形细胞层。

分子层(molecular layer)　皮质的最浅层,神经纤维多,细胞少,着淡粉红色。

外颗粒层(external granular layer)　细胞小而密集,染色较深,以星形细胞和小锥体细胞为主。

外锥体细胞层(external pyramidal layer)　细胞排列较外颗粒层稀疏,其浅层为小型锥体

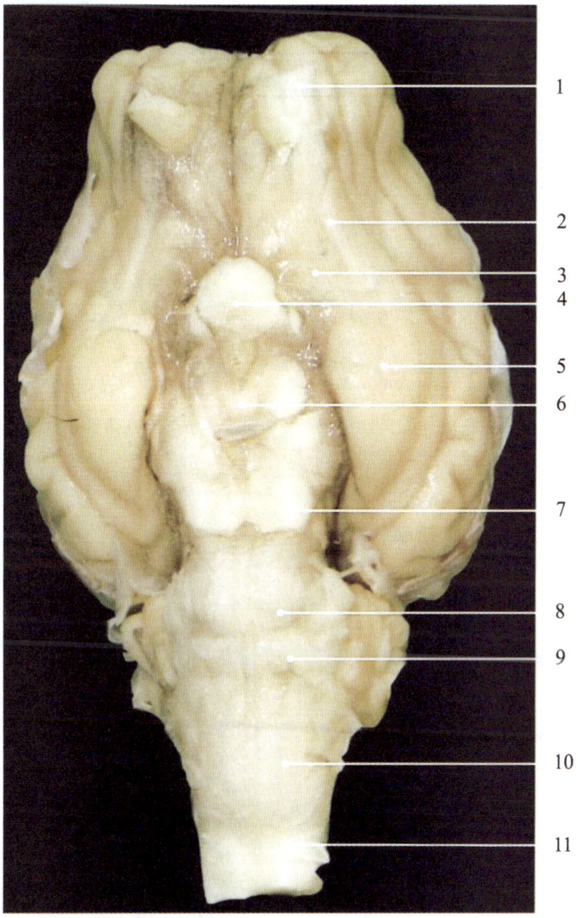

1. 嗅球 2. 外侧嗅束 3. 嗅三角 4. 视交叉 5. 梨状叶 6. 乳头体 7. 大脑脚 8. 脑桥 9. 斜方体 10. 延髓 11. 脊髓

图 9-7 山羊脑腹侧观

(引自:陈耀星等,2013)

细胞,深层为中型锥体细胞。

内颗粒层(internal granular layer) 细胞密集,多数是星形细胞。

内锥体细胞层(internal pyramidal layer) 主要由大、中型锥体细胞组成。

多形细胞层(multiform layer) 为紧靠髓质的一层。细胞排列疏松,形态多样,以梭形细胞为主,还有锥体细胞、颗粒细胞等。

高倍镜观察:重点观察锥体细胞,内锥体细胞胞体呈锥形,核圆,位于中央,胞体尖端发出主树突伸向皮质表面,轴突自胞体底部发出。

3. 小脑的组织学结构

切片:猪或猫小脑,HE 染色(或银染)(图 9-10 至图 9-12)。

肉眼观察:小脑表面凹凸不平,不规则,浅层为皮质,深面为髓质。

低倍镜观察:小脑表面许多平行的浅沟把小脑分隔成许多小脑叶片,每个小脑叶片表层颜色较深部分是皮质(灰质),深部颜色较浅为髓质(白质)。小脑皮质最外层呈浅红色的为分子

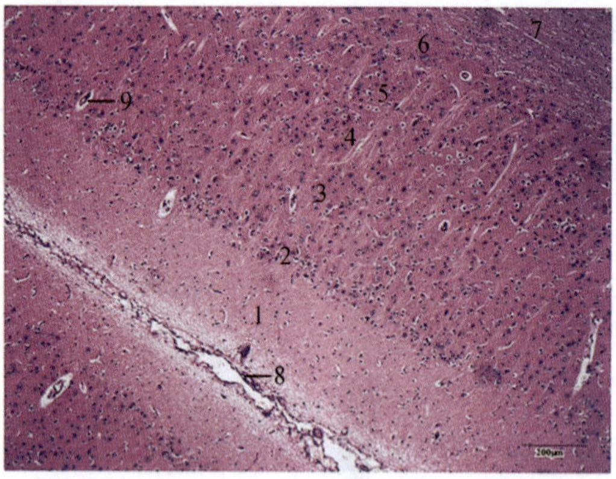

1. 分子层　2. 外颗粒层　3. 外锥体细胞层　4. 内颗粒层
5. 内锥体细胞层　6. 多形细胞层　7. 髓质
8. 脑软膜　9. 血管

图 9-8　大脑皮质(HE 染色,低倍镜)

(引自:陈耀星等,2018)

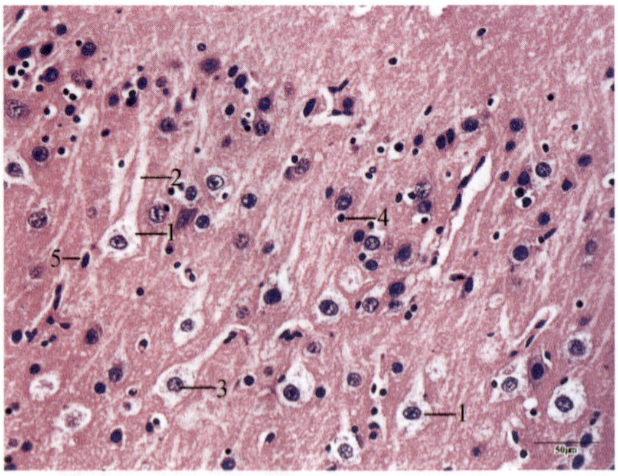

1. 锥体细胞　2. 顶树突　3. 锥体细胞核
4. 颗粒细胞　5. 梭形细胞

图 9-9　大脑皮质(HE 染色,高倍镜)

(引自:陈耀星等,2018)

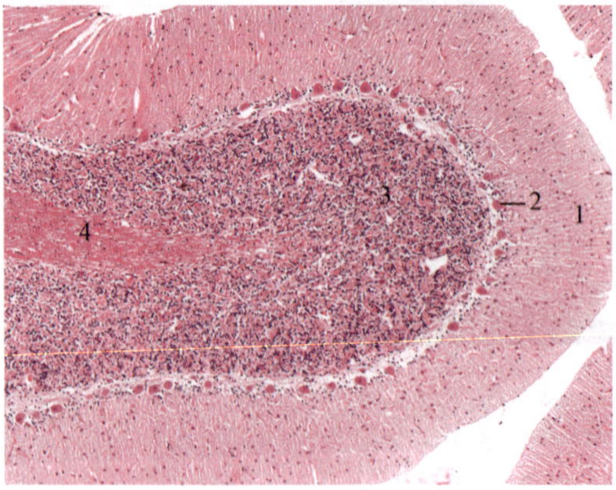

1. 分子层　2. 浦肯野细胞
3. 颗粒层　4. 髓质

图 9-10　小脑结构(HE 染色,低倍镜)

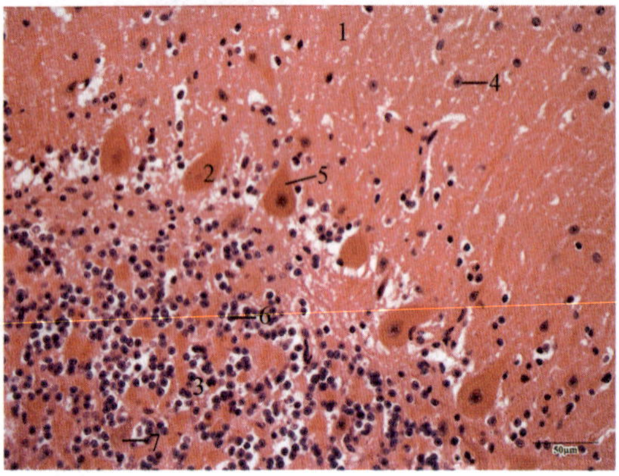

1. 分子层　2. 浦肯野细胞层　3. 颗粒层　4. 篮状细胞
5. 浦肯野细胞　6. 颗粒细胞　7. 高尔基细胞

图 9-11　小脑皮质部(HE 染色,高倍镜)

(引自:陈耀星等,2018)

层,深面细胞排列紧密,呈颗粒状,着色较深为小脑皮质颗粒层,小脑髓质位于颗粒层深面,也呈浅红色。

高倍镜观察:小脑皮质由外向内分为 3 层:分子层、浦肯野细胞层和颗粒层。

分子层(molecular layer)　很厚,着色浅,内有大量淡红色的无髓神经纤维切面(主要是浦肯野细胞的树突)、少量神经细胞和神经胶质细胞的核。

浦肯野细胞层(purkinje cell layer)　由一层细胞构成,胞体呈梨形(或烧瓶形),其胞体顶端的主树突伸入分子层,轴突穿过颗粒层进入髓质。

颗粒层(granular layer)　紧靠浦肯野细胞层,较厚,由大量胞体较小的颗粒细胞和少量胞体较大的高尔基Ⅱ型细胞构成,由于细胞小且排列紧密,细胞轮廓不易分辨,仅见大量圆形或椭圆形嗜碱性的细胞核。

髓质位于皮质深部，着色浅，主要由无髓神经纤维构成。

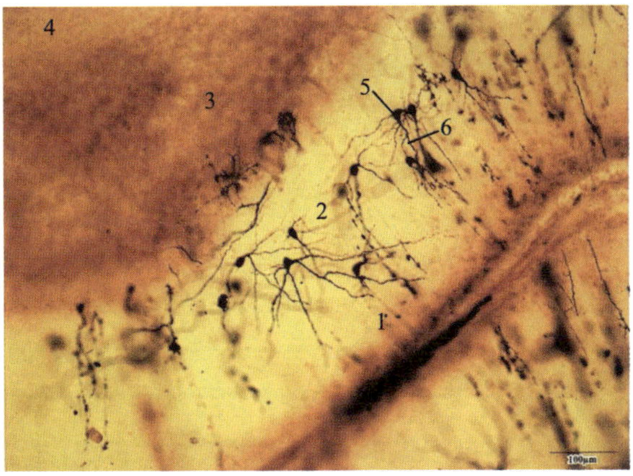

1. 分子层　2. 浦肯野细胞层　3. 颗粒层　4. 小脑髓质　5. 浦肯野细胞　6. 树突

图 9-12　小脑皮质部(银染，高倍镜)

(引自：陈耀星等，2018)

(三)周围神经系统走行规律

1. 脑神经　脑神经共有 12 对(图 9-13)，根据所含神经纤维的种类，分为感觉神经、运动神经以及含感觉纤维和运动纤维的混合神经(表 9-1)。

1. 嗅神经　2. 视神经　3. 动眼神经　4. 滑车神经　5. 三叉神经　6. 外展神经　7. 面神经　8. 前庭耳蜗神经　9. 舌咽神经　10. 迷走神经　11. 副神经　12. 舌下神经

图 9-13　马脑神经的分布

(引自：陈耀星等，2013)

表 9-1 脑神经的分布

对别	名称	纤维成分	分布
Ⅰ	嗅神经	感觉神经	嗅黏膜
Ⅱ	视神经	感觉神经	视网膜
Ⅲ	动眼神经	运动神经	眼球肌
Ⅳ	滑车神经	运动神经	眼球肌
Ⅴ	三叉神经	混合神经	面部皮肤、口、鼻腔黏膜、咀嚼肌
Ⅵ	外展神经	运动神经	眼球肌
Ⅶ	面神经	混合神经	面、耳、睑肌和部分味蕾
Ⅷ	前庭耳蜗神经	感觉神经	前庭、耳蜗和半规管
Ⅸ	舌咽神经	混合神经	舌、咽和部分味蕾
Ⅹ	迷走神经	混合神经	咽、喉、食管、气管和胸、腹腔内脏
Ⅺ	副神经	运动神经	咽、喉、食管以及胸头肌和斜方肌
Ⅻ	舌下神经	运动神经	舌肌和舌骨肌

2. 躯干神经　分布于躯干的神经主要包括膈神经、肋间神经、髂腹下神经和髂腹股沟神经。

膈神经(phrenic nerve)　由第 5～7 颈神经的腹侧支形成,经胸前口入胸腔,向后分布于膈。

肋间神经(intercostal nerve)　由胸神经的腹侧支形成,位于肋间隙,伴随肋间背侧动脉、静脉沿肋骨后缘下行,分布于肋间肌、腹肌和皮肤。

髂腹下神经(iliohypogastric nerve)　来自第 1 腰神经的腹侧支,在第 2 腰椎横突末端的腹侧。

髂腹股沟神经(ilioinguinal nerve)　来自第 2 腰神经的腹侧支,经第 4 腰椎横突末端的外侧缘(牛)或第 3 腰椎横突末端(马)向后伸延。

3. 前肢神经　前肢神经来自臂神经丛。臂神经丛位于肩关节的内侧,由第 6～8 颈神经和第 1、第 2 胸神经的腹侧支结合而成,分支分布于前肢和胸外侧壁,主要有:肩胛上神经、肩胛下神经、胸肌神经、腋神经、肌皮神经、桡神经、尺神经、正中神经(图 9-14)。

4. 后肢神经　后肢的神经来自腰荐神经丛。腰荐神经丛位于腰荐部腹侧,由第 4～6 腰神经和第 1、第 2 荐神经的腹侧支构成,主要有:股神经、闭孔神经、臀前神经、臀后神经和坐骨神经(图 9-15)。

5. 植物性神经　植物性神经又称自主神经,是指分布到平滑肌、心肌和腺体的传出神经。植物性神经根据其形态和机能的特点,分为交感神经和副交感神经。

交感神经(sympathetic nerve)　节前神经元胞体位于脊髓的胸 1 至腰 3 节段的灰质外侧柱,发出节前纤维经腹侧根至脊神经,交感神经的节前纤维在椎旁神经节和椎下神经节内交换神经元后,节后纤维或经灰交通支返回脊神经,随脊神经分布于躯干和四肢的血管平滑肌、汗腺和竖毛肌,或在动脉周围形成神经丛,随动脉分布到相应的器官,或分出内脏支直接到所支

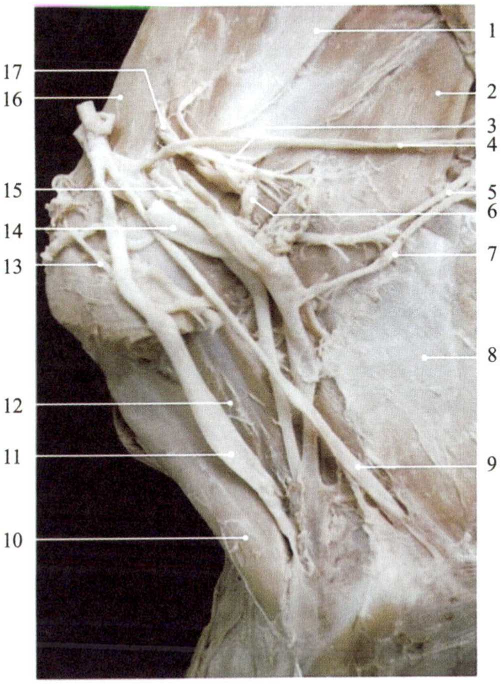

1.肩胛下肌　2.大圆肌　3.肩胛下神经　4.胸背神经　5.胸背动脉　6.腋淋巴结　7.胸背静脉　8.臂三头肌　9.尺神经　10.臂二头肌　11.正中神经　12.喙臂肌　13.肌皮神经　14.腋动脉　15.腋静脉　16.冈上肌　17.肩胛上神经

图 9-14　牛右前肢臂神经丛

(引自:陈耀星等,2013)

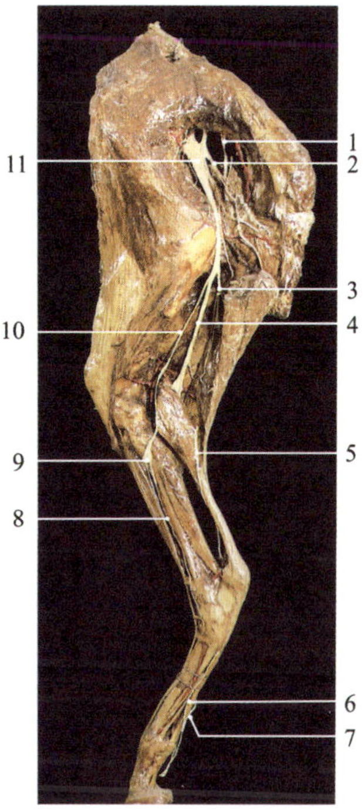

1.阴部神经　2.股后皮神经　3.坐骨神经肌支　4.胫神经　5.小腿跖侧皮神经　6.跖外侧神经　7.跖内侧神经　8.腓浅侧神经　9.腓深侧神经　10.腓总神经　11.坐骨神经

图 9-15　马左后肢神经

(引自:陈耀星等,2013)

配的器官(图 9-16)。交感神经干按部位可分颈部、胸部、腰部和荐尾部。

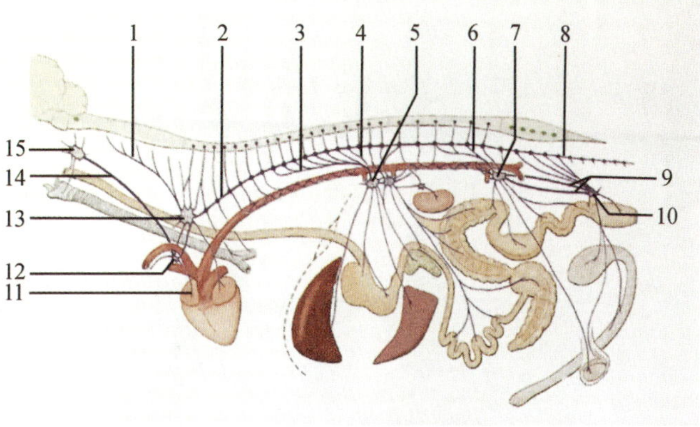

1.椎神经　2.交感干神经节节间支　3.内脏大神经　4.内脏小神经　5.腹腔神经节和肠系膜前神经节　6.腰内脏神经　7.肠系膜后神经节　8.荐内脏神经　9.腹下神经　10.盆神经节　11.颈心神经　12.颈中神经节　13.星状神经节　14.颈部交感干　15.颈前神经节

图 9-16　交感神经示意图

(引自:陈耀星等,2009)

副交感神经(parasympathetic nerve) 节前神经元的胞体位于中脑、延髓和荐段脊髓，分为颅部和荐部副交感神经，节后神经元的胞体位于所支配的器官旁或器官壁内的终末神经节(图 9-17)。

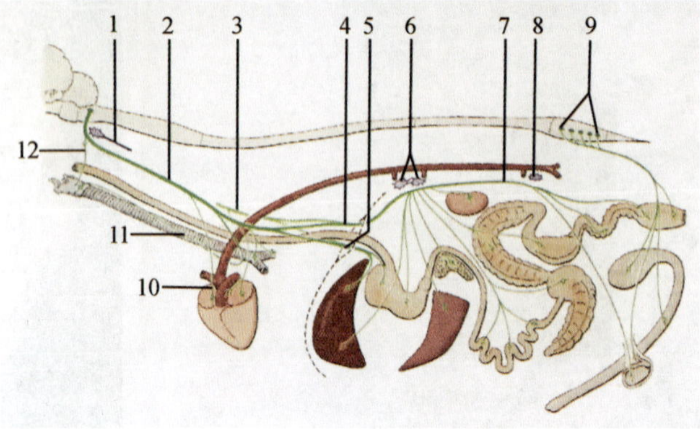

1.交感干 2.左侧迷走神经 3.右侧迷走神经 4.迷走神经背侧干 5.迷走神经腹侧干 6.腹腔神经节和肠系膜前神经节 7.腹部迷走神经 8.肠系膜后神经节 9.盆神经 10.减压神经 11.左侧返神经 12.喉前神经

图 9-17 副交感神经示意图

(引自:陈耀星等,2009)

三、作业

1.绘制脊髓内部结构图。

2.绘制交感神经和副交感神经示意图。

3.绘制大脑的皮质结构。

4.绘制小脑的皮质结构。

实验十　内分泌系统

一、目的与要求

1. 观察脑垂体、肾上腺和甲状腺的组织结构。
2. 掌握脑垂体、肾上腺和甲状腺的功能。
3. 了解内分泌系统的组成及其作用。

二、实验内容与实验方法

内分泌系统是动物机体的重要调节系统，由独立的内分泌腺（如脑垂体、肾上腺、甲状腺、甲状旁腺、松果体等）、非独立的内分泌组织（如胰岛、黄体等）以及分散存在的各种内分泌细胞（如胃肠、中枢神经系统中的内分泌细胞）组成。内分泌系统通过其产生的激素，与神经系统相辅相成，共同维持机体内环境的稳定，对机体的生长发育、新陈代谢、生殖和免疫等功能起着重要的促进和调节作用。

（一）猪脑垂体切片观察

脑垂体位于间脑的底面，蝶骨构成的垂体窝内，借漏斗连于下丘脑，为一扁圆形小体，呈褐色或乳白色，其形状、大小在各种动物略有不同。

低倍镜观察：标本中着色深的部分是垂体前叶，着色浅的部分是神经部，两者之间是中间部，有些标本可见突出部分为垂体柄。远侧部可见有密集的细胞团或索，其间夹有丰富的血窦及少量结缔组织。神经部染色最浅，可见很多神经纤维和细胞核。远侧部与后叶之间的腔隙为垂体裂（图 10-1）。

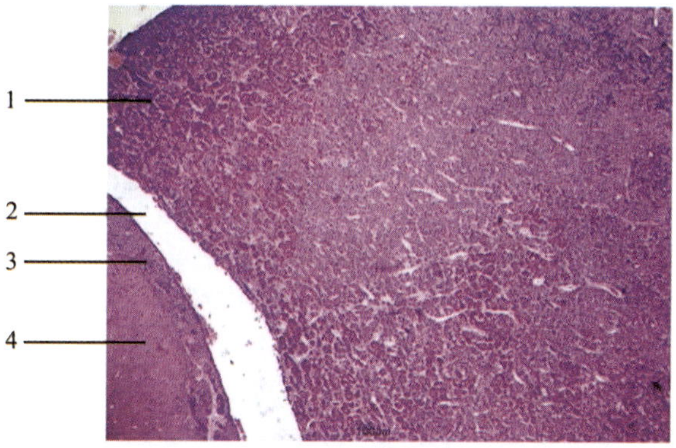

1. 远侧部　2. 垂体裂　3. 中间部　4. 神经部

图 10-1　猪脑垂体低倍镜观察（HE，40×）

高倍镜观察:进一步观察垂体前叶的结构,嗜酸性细胞体积较大,细胞呈圆形或卵圆形,细胞界限清楚,胞浆有嗜酸性颗粒,着色为红色,细胞核位于细胞的中央。其中包括分泌生长激素和催乳激素的两种细胞。嗜碱性细胞在细胞形态上与嗜酸性细胞差不多,染色呈灰蓝色或紫蓝色。嗜碱性细胞数量少,胞体比嗜酸性细胞稍大,核常偏于细胞的一侧,胞质染成蓝紫色。嫌色细胞数量多,细胞体积最小,呈圆形或多边形,胞质内不含明显的颗粒,着色很淡,胞核多形态,淡染(图 10-2)。

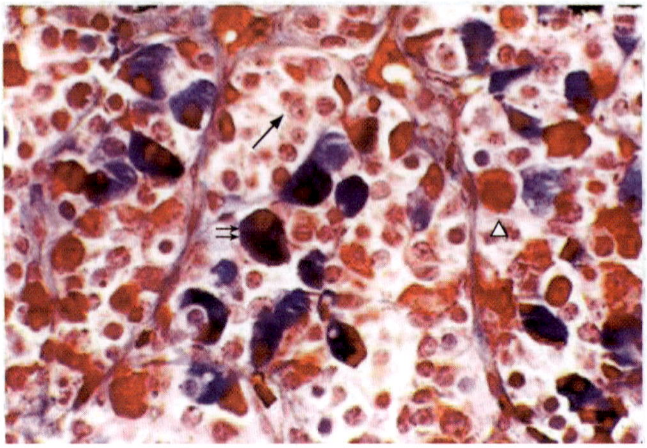

△嗜酸性细胞 ⇉嗜碱性细胞 ↑嫌色细胞

图 10-2 猪脑垂体远侧部高倍镜观察(HE,400×)

中间部的主要细胞类型为淡染的弱嗜碱性细胞,细胞常围成滤泡状。神经部主要由大量的无髓神经纤维和神经胶质细胞组成,并含有丰富的有孔毛细血管。神经纤维上有串珠状膨大的球状结构,称为赫令体,HE 染色的标本中显示为嗜酸性。垂体细胞形态不规则,表面有许多长突起,胞质内含有许多脂肪小滴、脂褐素等。

(二)猪肾上腺切片观察

肾上腺是一对重要的内分泌腺,分别位于左右肾前内侧缘附近,借助肾脂肪囊与肾相连。猪的肾上腺狭而长,表面有沟,位于肾内侧缘的前方,右肾上腺前窄后宽,外侧稍凹陷,内侧稍隆凸;左肾上腺前半部呈三棱形,后半部宽而薄。

低倍镜观察:肾上腺横切面可见周围染色较红,为皮质,中央染色较浅,为髓质。肾上腺的被膜由不规则的致密结缔组织构成,偶见少量平滑肌纤维。从被膜发出薄的小梁穿入皮质,但很少进入髓质。在被膜内常有类似皮质的细胞团块和毛细淋巴管。被膜下的皮质可分为多形带、束状带和网状带。网状带内方为浅黄色的髓质(图 10-3)。

高倍镜观察:多形带位于被膜下方,不同种类的动物这个区域细胞排列不一样,牛和羊为球状带,猪和马为弓形带,细胞形态为多边形,核为圆形或椭圆形。束状带细胞排列成索状,位于皮质中部,占皮质的大部分(图 10-4)。细胞索的细胞为多边形或立方形,细胞质含有许多脂肪小颗粒,制片时由于脂肪滴溶解成为许多空泡,尤以束状带的外侧为多,索与索之间有丰富的毛细血管,为血窦。网状带靠近髓质,细胞索交错成网状,网眼间有较大的窦状隙,网状带与髓质交界参差不齐,细胞质中脂肪滴含量较少。最后用高倍镜观察髓质部,它位于肾上腺中

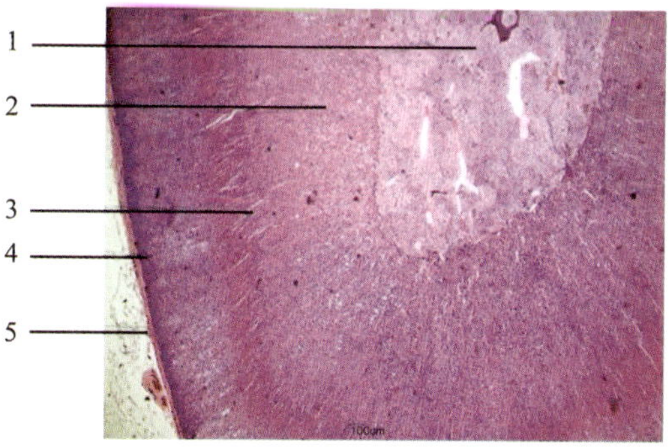

1. 髓质　2. 网状带　3. 束状带　4. 多形带　5. 被膜

图 10-3　猪肾上腺低倍镜观察(HE,40×)

央,由较大的多边形细胞组成网索状,染色很淡,胞质含有嗜铬颗粒,索与索之间具有丰富的血窦。髓质中央有一粗大的中央静脉。

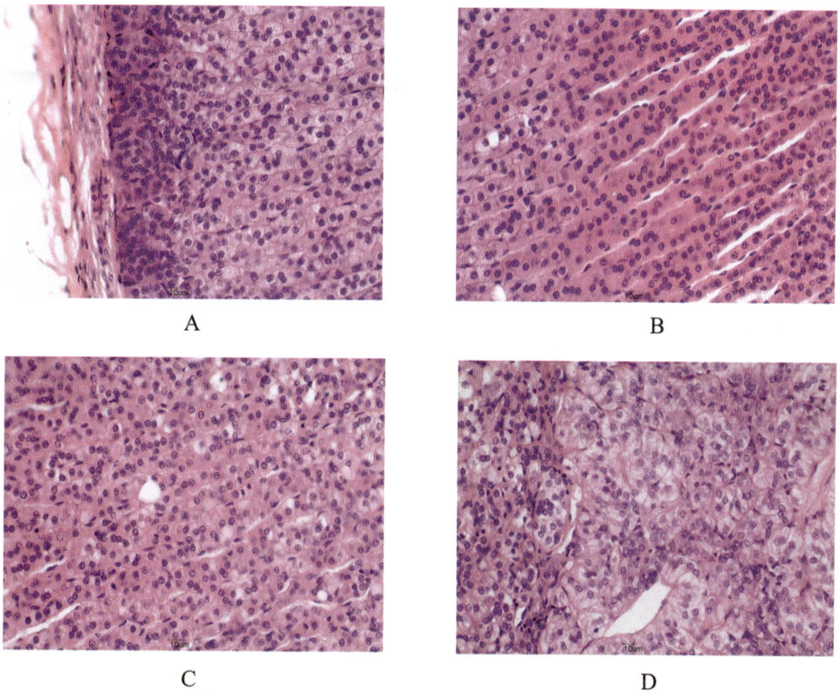

A.多形带　B.束状带　C.网状带　D.髓质

图 10-4　猪肾上腺高倍镜观察(HE,400×)

(三)猪甲状腺切片观察

甲状腺是动物体内最大的内分泌腺,位于喉的后方,前 2～3 个气管软骨环的两侧和腹侧面。各种家畜甲状腺的形态虽然不同,但都有左右两个侧叶和连接两个侧叶的腺峡组成。猪的甲状腺呈深红色,左右侧叶与腺峡结合为一整体,长 4～4.5 cm,宽 2～2.5 cm,厚 1～1.5 cm,位于胸前口处气管的腹侧面。

低倍镜观察：甲状腺外面有一层薄的致密结缔组织被膜，内含许多胶原纤维和弹性纤维。结缔组织伸入腺体内，将其分成许多腺小叶。血管、淋巴管和神经穿过被膜壁伸入甲状腺实质。实质由甲状腺滤泡和滤泡间细胞组成。滤泡围以基膜和稀疏的结缔组织以及丰富的毛细血管和毛细淋巴管(图 10-5)。

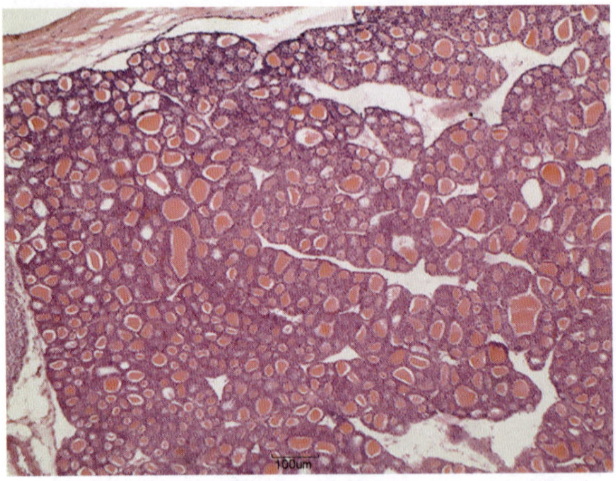

图 10-5　猪甲状腺低倍镜观察(HE,100×)

高倍镜观察：滤泡由单层立方上皮构成，内含胶状物质。当功能不活跃时，细胞呈低立方形或扁平状，滤泡内胶状物质多而浓稠；当功能活跃时，细胞变高，呈立方形或柱状，细胞核位于基部，滤泡内胶状物质较少。滤泡旁细胞常单个地存在于滤泡上皮细胞之间，或成群地散布于滤泡之间的结缔组织内(图 10-6)。

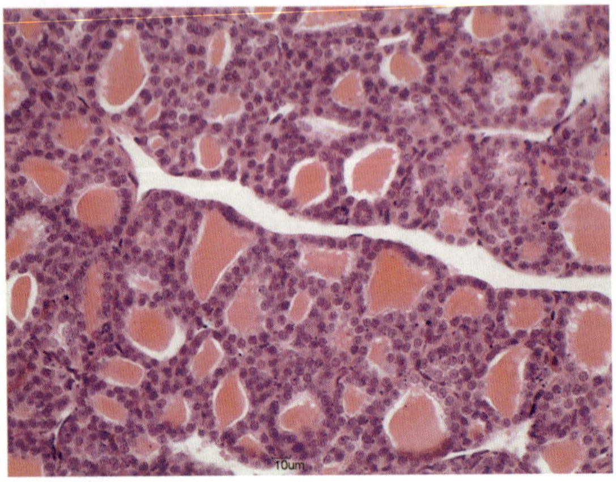

图 10-6　猪甲状腺高倍镜观察(HE,400×)

三、作业

1. 绘制高倍镜下猪脑垂体远侧部一部分。
2. 绘制高倍镜下猪甲状腺一部分。

实验十一　感觉器官

一、目的与要求

1. 掌握眼球的结构与功能。

2. 掌握眼球辅助器官(眼睑、泪器和眼球肌)的结构与功能。

3. 掌握耳的结构与功能。

二、实验内容和实验方法

本次实验以眼球模型和标本以及耳的模型为例，观察眼球和眼球辅助器官的结构、耳的结构，重点为眼球和耳的结构。

(一)眼的解剖结构

眼由眼球和眼球内容物组成。

1. 眼球　眼球位于眼眶内，由眼球壁和眼球内容物组成。

(1)眼球壁　分为3层，由外向内依次为纤维膜、血管膜和视网膜。

①纤维膜　由致密结缔组织构成，厚而坚韧，可分为前方的角膜和后方的巩膜。

角膜　位于纤维膜前部，约1/5部分，无色透明。

巩膜　位于纤维膜后部，约4/5部分，白色，不透明的厚膜。

②血管膜　血管膜由前向后分为虹膜、睫状体和脉络膜3部分。

虹膜　是血管膜的最前部，呈圆盘状，中央有一孔，称为瞳孔，是光线进入眼球的通道。虹膜肌有两种：一种环绕在瞳孔周围，称为瞳孔括约肌，为缩瞳肌；另一种呈放射形排列，称为瞳孔开大肌，为扩瞳肌。

睫状体　前方连接虹膜根，后方与脉络膜相连，是血管膜中部的增厚部分，呈环状围在晶状体周围。

脉络膜　衬于巩膜的内面，颜色较深。

③视网膜　视网膜是眼球壁的最内层，可分为视部和盲部，二者交界处呈锯齿状，称锯齿缘。

视部　位于脉络膜的内面，与其紧密相连，薄而柔软。

盲部　贴衬在睫状体及虹膜的内面。

(2)眼球内容物　包括晶状体、眼房水和玻璃体，它们与角膜一起组成眼的折光系统。

①晶状体　呈双凸透镜状，透明而富有弹性，位于虹膜和玻璃体之间。

②眼房水　眼房室位于角膜和晶状体之间的腔隙，由虹膜分为眼前房和眼后房。眼房水为无色透明液体，充满于眼房内。

③玻璃体　玻璃体为无色透明的胶冻状物质，充满于晶状体与视网膜之间。

2. 眼的辅助装置　眼的辅助装置有眼睑、泪器、眼球肌和眶骨膜。

(1)眼睑　位于眼球前面,分为上眼睑和下眼睑。第三眼睑又称瞬膜,位于眼内角的结膜褶。

(2)泪器　泪器由泪腺和泪道组成。泪腺位于眼球的背外侧,开口于上眼睑结膜囊内。泪道为泪液排出的管道。

(3)眼球肌　眼球肌是一些使眼球灵活运动的骨骼肌。

(二)耳的解剖结构

耳包括外耳、中耳和内耳。

1.外耳　包括耳郭、外耳道和鼓膜3部分。

(1)耳郭　一般呈圆筒状,开口向前,上端较大,下端较小,连于外耳道。

(2)外耳道　是耳郭基部到鼓膜的一条通道,内面常有耵聍腺分泌物。

(3)鼓膜　位于外耳道底部的薄膜,是外耳与中耳的分界。

2.中耳　包括鼓室、听小骨和咽鼓管3部分。

(1)鼓室　位于岩颞骨内部不规则小腔。

(2)听小骨　鼓室内有3块听小骨,与鼓膜接触的是锤骨,与内耳前庭窗相连的为镫骨,连于两骨之间的称为砧骨。

(3)咽鼓管　连于中耳和鼻咽部之间的通道。

3.内耳　盘曲于岩颞骨内的管道系统,由骨迷路和膜迷路构成。

(1)骨迷路　为颞骨岩部内不规则的腔隙和隧道,腔面覆有骨膜。包括前庭、骨性半规管和耳蜗3部分。

(2)膜迷路　位于骨迷路内的一系列膜性管和囊。

三、作业

1.观察猪、牛、羊、犬、猫的眼和耳的形态。

2.请在图11-1至图11-3中标明各数字所代表的结构。

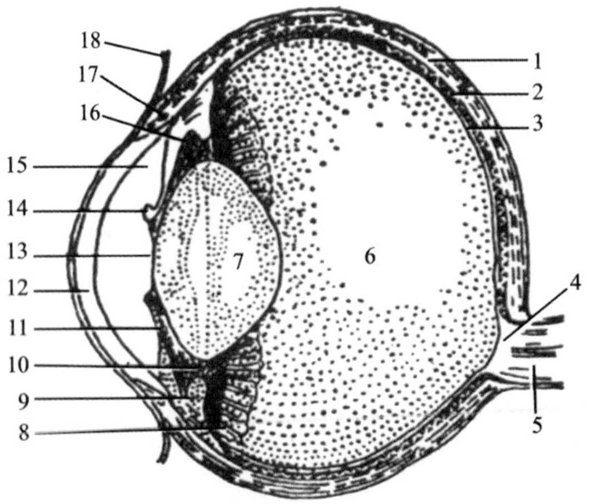

1.______ 2.______ 3.______ 4.______ 5.______ 6.______

7.______ 8.______ 9.______ 10.______ 11.______ 12.______

13.______ 14.______ 15.______ 16.______ 17.______ 18.______

图11-1　眼球纵切面模式图

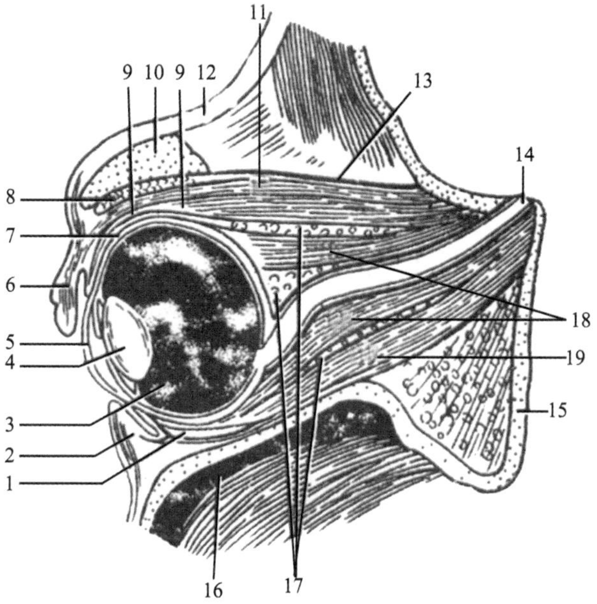

1. ____________ 2. ____________ 3. ____________ 4. ____________ 5. ____________ 6. ____________
7. ____________ 8. ____________ 9. ____________ 10. ____________ 11. ____________
12. ____________ 13. ____________ 14. ____________ 15. ____________
16. ____________ 17. ____________ 18. ____________ 19. ____________

图 11-2　眼的辅助器官

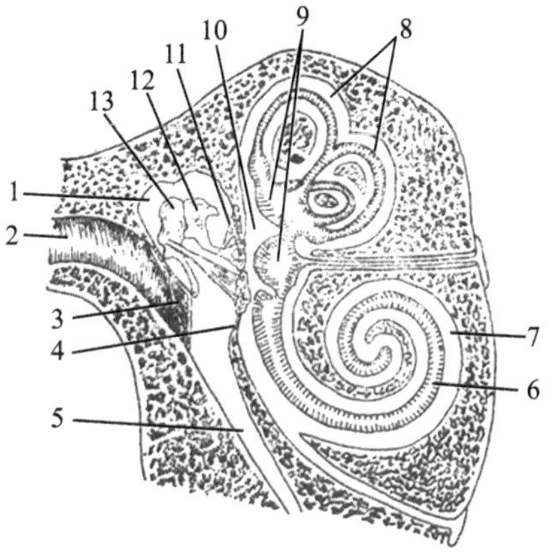

1. ____________ 2. ____________ 3. ____________ 4. ____________ 5. ____________
6. ____________ 7. ____________ 8. ____________ 9. ____________ 10. ____________
11. ____________ 12. ____________ 13. ____________

图 11-3　耳的构造模式图

实验十二　被皮系统

一、目的与要求

1. 了解家畜皮肤、毛、角的形态结构。
2. 掌握蹄和乳腺的形态结构。

二、实验内容和实验方法

以牛为例观察皮肤及其衍生物。皮肤的衍生物包括毛、角、皮肤腺(皮脂腺、汗腺、乳腺)和蹄,重点为乳腺和蹄。

(一)皮肤的结构

皮肤由表皮、真皮和皮下组织构成。皮革由真皮鞣制而成。

(二)毛的形态和分布

毛呈细丝状,着生于皮肤上,露于皮肤外面的为毛干,埋于皮肤内的为毛根,毛根末端膨大为毛球。毛分普通的被毛和特殊的长毛。被毛又分粗毛和细毛,牛、马、猪的为粗毛,绵羊的为细毛。特殊的长毛如触毛、鬃毛、鬣毛等。

各种动物毛的分布方式不一,可通过皮革上的毛孔进行观察。牛皮革上的毛孔呈均匀分布,绵羊皮革上的毛孔成组分布,因此牛的被毛呈均匀分布,绵羊的被毛成组分布。猪的被毛成撮分布,每撮 3 根,其中 1 根是主毛,所以猪皮革上的毛孔也成撮分布。

有条件的地方可在活体或尸体上观察毛流。

(三)角的形态结构

角是包被在额骨角突外的鞘状结构,分为角根、角体和角尖。角根和额部皮肤相连,角体中空,角尖为实心。角由表皮和真皮构成,表皮角质化形成角鞘,真皮直接和角突的骨膜相连。注意观察角轮和角的形态。

(四)蹄的形态结构

牛、羊、猪蹄属偶蹄,每肢的指(趾)端有 2 个主蹄和 2 个悬蹄。马为单蹄动物。

1. 主蹄　分蹄缘、蹄冠、蹄壁、蹄底和蹄球 5 部分,有的书将其分为蹄壁、蹄底和蹄球 3 部分,而把蹄缘和蹄冠作为蹄壁的一部分。蹄缘为蹄与皮肤连接的部分;蹄冠位于蹄缘下方,略微隆起;蹄壁位于蹄的轴面和远轴侧面;蹄底位于蹄腹侧面前部,略凹;蹄球位于蹄腹侧面的后部,即蹄枕。牛蹄呈三棱角锥形,由表皮、真皮和皮下组织构成,蹄表皮为蹄的角质层,称蹄匣,蹄真皮称肉蹄,蹄皮下组织在蹄壁和蹄底缺失。

(1)蹄匣　蹄缘角质柔软,与皮肤连接。蹄冠角质隆起,内侧面有沟,称蹄冠沟,沟内有无数角质小管的开口。蹄壁角质分轴侧面和远轴侧面,轴侧面即指(趾)间面,略凹,仅后部与对侧蹄相接触,远轴侧面为背外侧面。蹄壁由釉层、冠状层和小叶层组成。冠状层由角质小管和管间角质构成，在蹄冠沟可见到角质小管的开口。冠状层含有色素，使蹄壁颜色较深。小叶层由无数的角小叶组成。蹄壁下端与地面接触的部分称蹄底缘。蹄底缘与蹄底之间颜色较浅的部分称蹄白线（白带）。蹄底角质位于蹄腹侧面前部，呈略凹的三角形，背侧面凸。蹄球角质位于蹄腹侧面后部，隆凸，常开裂，为蹄感染的途径。

（2）肉蹄　其形态与蹄匣相似，分肉缘、肉冠、肉壁、肉底和肉球。肉冠呈带状隆起，表面密布乳头。肉壁由肉小叶组成，与角小叶交错排列，使蹄匣壁与肉壁紧密结合。肉底略凹，与蹄球界限不明显，表面密布乳头。

（3）皮下组织　仅在蹄缘、蹄冠和蹄球存在，蹄球的皮下组织发达，富含弹性纤维，为指（趾）端的弹性结构。

2. 悬蹄　为短圆锥形，悬于主蹄后上方，不与地面接触，与主蹄的结构基本相似，内有1～2枚指（趾）节骨。

3. 猪蹄　与牛的基本相似。

4. 马蹄　呈半圆形，分为蹄缘、蹄冠、蹄壁、蹄底和蹄枕。蹄也由蹄表皮（蹄匣）、真皮（肉蹄）和皮下组织构成。蹄冠表皮较窄。蹄壁表皮分背侧壁、内侧壁和外侧壁，内、外侧壁后部向前呈锐角折转形成蹄支，折转处称蹄踵角。蹄壁结构与牛相似。蹄底表皮略凹，呈半月形。蹄枕表皮分蹄叉和枕两部分，蹄叉呈楔形，后为蹄叉底，前为蹄叉尖，蹄叉与蹄支之间为蹄叉侧沟，蹄叉中部的浅沟称蹄叉中沟。肉蹄与蹄匣形态相似。

（五）乳房的形态结构

1. 牛的乳房　位于耻骨部，呈倒置的圆锥形，由纵沟分为左右两半，每半又被横沟分为前后两部，因此牛的乳房由4个乳丘组成。乳房分为基底部、体部和乳头部。基底部紧贴腹壁；体部膨大，位于中间，乳腺位于体部，每个乳丘内的腺管互不相通；乳头部游离，每个乳丘上有1个乳头，偶有小的副乳头。乳头呈圆柱状或圆锥形，每个乳头上有1个乳头管的开口。

乳房由皮肤、筋膜和实质（腺叶）组成。皮肤与腹壁和股内侧皮肤相延续，乳头皮肤无被毛。乳房后部至阴门之间具有线状毛流的皮肤纵褶称乳镜。皮肤深面为筋膜，分浅筋膜和深筋膜。深筋膜发达，形成乳房的悬吊装置，在乳房内、外侧形成内、外侧板，两侧的内侧板组成乳房中隔（乳房悬韧带）。深筋膜的结缔组织伸入乳房实质内，将乳房实质分为许多腺叶和腺小叶。乳房的实质为腺小叶，由分泌部和导管部组成。分泌部由腺泡和分泌小管构成。导管部由许多小的输乳管汇成较大的输乳管，再汇入输乳窦（曾称乳池）。输乳窦为乳房体部下部和乳头内的大而不规则的腔体，可储存乳汁，分腺部和乳头部。乳汁最后经乳头管排出体外。

2. 羊的乳房　呈锥形，有2个乳丘，结构与牛相似，每个乳头上有2个乳头管的开口。

3. 马的乳房　呈扁圆形，有2个乳丘，每个乳头上有2个乳头管的开口。

4. 猪的乳房　位于腹白线两侧，从胸部伸至腹后部，有5～8对，每个乳头上有2～3个乳头管的开口。

5. 犬的乳房　与猪的相似，每个乳头上有10多个乳头管的开口。

三、作业

请在图12-1和图12-2中标明各数字所代表的结构。

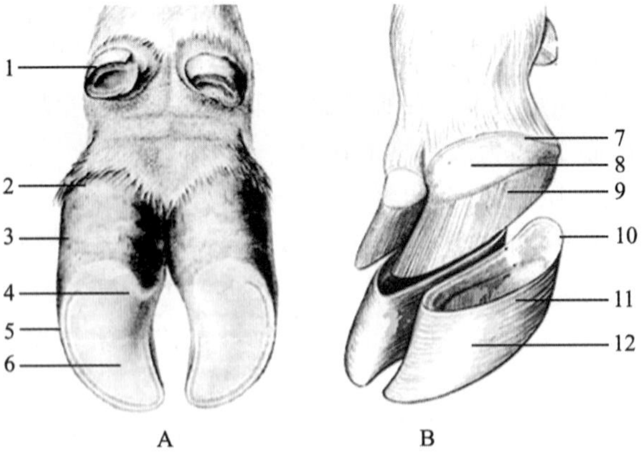

1. ____________ 2. ____________ 3. ____________ 4. ____________ 5. ____________ 6. ____________
7. ____________ 8. ____________ 9. ____________ 10. ____________ 11. ____________ 12. ____________

图 12-1　牛蹄

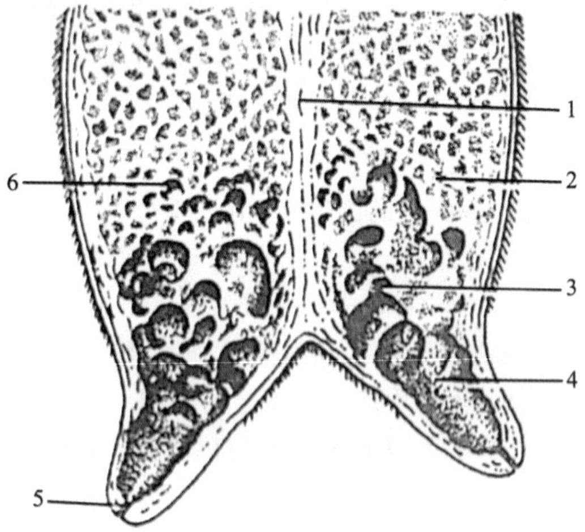

1. ____________ 2. ____________ 3. ____________ 4. ____________ 5. ____________ 6. ____________

图 12-2　牛乳房横切面观

实验十三　鸡的解剖与组织学

一、目的与要求

1. 学习解剖家禽的方法。

2. 熟悉皮肤衍生物的形态。

3. 掌握鸡的消化、呼吸、泌尿、生殖系统的组成及各器官的形态、位置以及鸡内脏各个器官的组织构造。

二、实验内容与实验方法

(一)鸡的解剖

1. 鸡的外观观察　观察羽毛的形态和分布,包括正羽、绒羽和纤羽。正羽构造典型,下段为羽根,上段为羽茎,两侧为羽片,绒羽羽茎细,没有羽毛覆盖的地方称为裸区。观察鸡冠、肉髯、耳垂、脚部鳞片和爪的形态(图 13-1)。

1. 鸡冠　2. 喙　3. 肉髯　4. 翼　5. 鳞　6. 爪

图 13-1　鸡

2.鸡的处死方法 鸡的处死方法主要有3种。

(1)把鸡仰卧保定,用大头针刺入枕骨大孔,破坏延髓使鸡死亡。

(2)左手食指和中指抓住鸡两翅膀,右手将鸡头反向拉向翅膀,用左手拇指和食指固定,左手小指钩住鸡的大腿,右手持刀将两侧的上颌静脉割断后将鸡倒提,颈部放血将鸡致死。

(3)把鸡保定好,用手将鸡的口腔打开,将手术剪伸入鸡口腔,直到手术剪尖端抵达口腔顶壁后部,将此处的颈总动脉剪断并放血致死。

将处死的鸡开水除羽毛后,洗净放入瓷盘中,分离颈部,剪断气管,向肺端插入玻璃管并吹气,使气囊充满气体,然后用止血钳夹住气管。自胸骨后端至泄殖腔剪开腹壁,再由此切口沿胸骨两侧缘及肋骨中部向前剪至锁骨。剪断心脏、肝与胸骨的联系,把胸骨翻向前方,暴露胸、腹腔器官并进行观察记录。

3.鸡内脏器官的观察

(1)消化器官观察

口腔与咽 剪开口角进行观察。上下缘的边缘生有角质喙,舌位于口腔内,前端呈箭头状,在口腔顶部的2个纵走的黏膜褶壁中间有内鼻孔,口腔后部为咽部,与口腔没有明显的分界线,合称口咽部。

食管与嗉囊 可分颈段和胸段,颈段沿颈的腹面左侧下行,在颈的基部膨大成嗉囊。嗉囊可贮存食物,并可部分地软化食物。

腺胃和肌胃 在腹腔左侧的两肝叶之间,可观察到食管和腺胃连接。腺胃呈长纺锤形。剪开腺胃观察内壁黏膜上有丰富的腺胃乳头,是深层消化腺导管的开口。肌胃上连腺胃,呈圆形或椭圆形的双凸体,位于腹腔的左侧。切开肌胃,可见呈辐射状排列的肌纤维。肌胃胃壁厚硬,肌胃内藏砂粒,用以磨碎食物,去除食物,可见肌胃内壁覆有硬的角质膜,俗称盹皮,中药名为“鸡内金”,呈黄绿色,对肌胃起保护作用。

小肠和大肠 十二指肠位于腹腔右侧,形成较长而直的“U”形弯曲,“U”形弯曲中间夹有胰(图13-2),十二指肠向后延伸为空回肠。空回肠形成许多肠袢,由肠系膜悬挂于腹腔的右侧。空回肠的中部有一小突起称卵黄囊憩室,是胚胎时期卵黄囊柄遗迹,常以此作为空肠与回肠的分界。回肠的末端较直,以系膜与盲肠相连。观察大肠可见有2条盲肠和1条短的直肠,剪开盲肠基部可见肠壁内的盲肠扁桃体。

泄殖腔 直肠的末端膨大形成泄殖腔,为消化、泌尿和生殖的共同通道,向后以泄殖孔(或肛门)开口于体外,在幼禽背侧观察到腔上囊的开口,将泄殖腔剪开,可观察到内侧有两横褶,将泄殖腔分为粪道、泄殖道和肛道。

肝和胰(图13-3) 肝位于腹腔的前下部,心脏的后方,红褐色,分为左、右两叶,右叶有一胆囊,右叶背侧有一凹陷,发出两条胆管注入十二指肠;胰呈长条形,淡黄色或者淡红色,位于十二指肠肠袢内。

(2)呼吸器官观察

鼻 鼻孔位于上喙的基部。

喉 在咽底壁的气管前端可以找到喉,可观察到喉口呈缝状,喉腔内无声带,喉软骨包括环状软骨和勺状软骨。

气管 在颈部腹侧可找到气管,由软骨环作为支架构成。

气囊 剪开颈部皮肤,可观察到1对颈气囊,切开腹壁可观察到1对腹气囊,再由腹壁切口沿胸骨两侧缘及肋骨中部向前剪至锁骨，将胸壁和腹壁向上掀起，暴露胸腔和腹腔，可观察到1个锁骨间气囊和1对胸前气囊和1对胸后气囊。

支气管和鸣管　沿气管向后，气管入胸腔后在心基背侧分为左、右支气管，在分叉处形成鸣管，是禽类发声的器官，左、右支气管分别进入左肺和右肺，出肺后连接气囊。

肺　位于胸腔的背侧，镶嵌在肋沟间，淡红色，富有弹性，呈扁平的四边形，表面有较深的肋压迹。

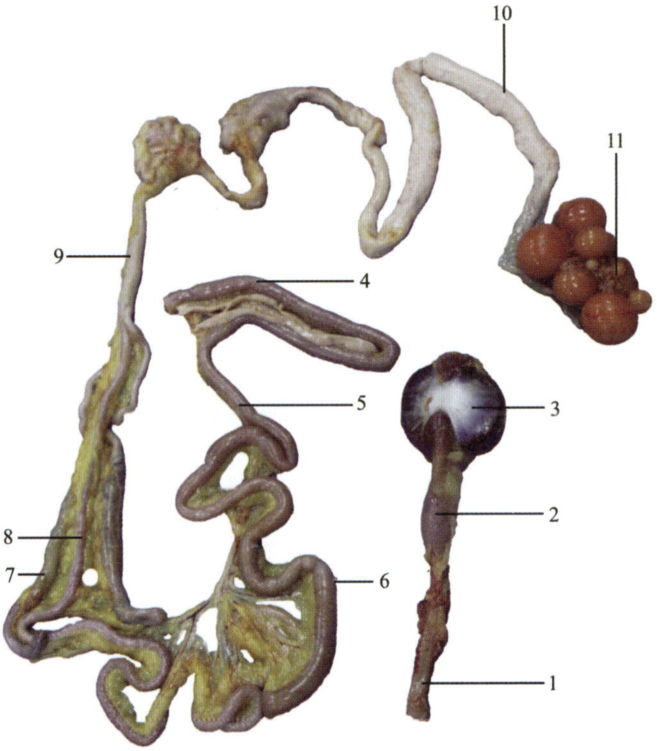

1.食管　2.腺胃　3.肌胃　4.十二指肠　5.空肠　6.卵黄囊憩室
7.盲肠　8.回肠　9.直肠　10.输卵管　11.卵巢

图 13-2　鸡的消化和生殖器官

(3)泌尿器官观察

肾　位于综荐骨两旁和髂骨内面，外无脂肪囊包裹，肾呈红褐色，左右对称，每一侧肾又分为前部、中部和后部。

输尿管　在肾中部可观察到输尿管，沿体腔腹侧面向后进入泄殖腔。

(4)生殖器官观察

公鸡生殖器官　在肾前部腹侧可观察睾丸，是成对的实质性器官，呈白色，睾丸的大小因年龄和季节相差较大，小的如米粒，大的如鸽蛋，在睾丸的背内侧可观察到附睾，但不易观察到，从睾丸伸出的输精管，与输尿管平行进入泄殖腔。

母鸡生殖器官　右侧卵巢发生退化，在左肾前部腹侧可观察到卵巢，不同年龄和季节大小相差很大，雏鸡的卵巢呈扁平椭圆形，表面呈颗粒状，随着年龄和季节的变化逐渐生长发育，逐渐蓄积卵黄，卵巢呈葡萄状，有较大的成熟卵泡出现。性成熟的母鸡在腹腔内可观察到发达的

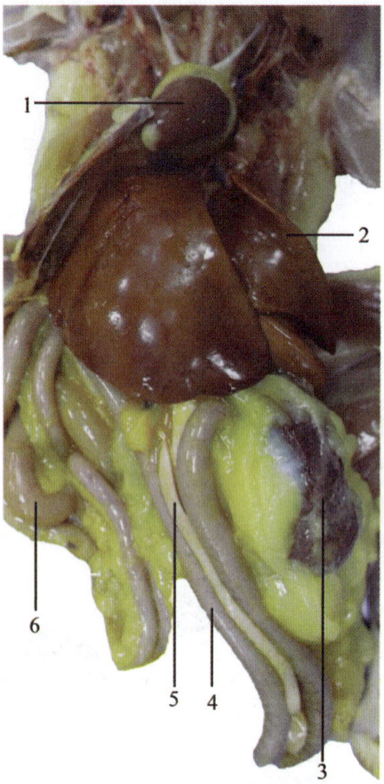

1. 心脏　2. 肝　3. 肌胃　4. 十二指肠　5. 胰　6. 空肠

图 13-3　鸡的肝和胰

输卵管，为一条长而弯曲的管道，由前向后分为漏斗部、膨大部、峡部、子宫部和阴道部，在解剖的时候有时可见到输卵管内没有蛋壳的鸡蛋。

(5)其他器官观察

对于其他系统主要观察心脏、脾、胸腺和腔上囊的形态结构。

心脏　暴露胸腔就可以观察到鸡的心脏，位于躯体中线上，体积较大，外面包有心包，剪开心包膜，可观察到心脏被脂肪带分隔成两部分，前面红褐色的扩大部分是心房，后面颜色较浅的是心室。

脾　在腺胃和肌胃的交界处右侧可观察到一圆形或者三角形的脾，红褐色，质地柔软。

胸腺　在颈部两侧皮下可观察到呈串状的胸腺，椭圆形，每侧七八叶，从颈前部沿颈静脉延伸到胸腔前口的甲状腺处，在性成熟前最大，性成熟后退化被脂肪代替。

腔上囊　在直肠和泄殖腔交界处的背侧可观察到腔上囊，球形，又名法氏囊，是禽类特有的淋巴器官，雏鸡发达，性成熟后开始退化。

(二)鸡的各组织器官

1. 鸡消化系统各器官组织构造

(1)腺胃组织构造

肉眼观察：鸡腺胃横切面呈圆形，中央不规则的腔为集合窦(图 13-4)，周围是腺胃壁。腺胃壁紧靠腔面呈深紫红色的部分是黏膜层，中部有多个中空的圆形或椭圆形浅紫蓝色结构，即位于黏膜肌层间的复管状腺。其中央的腔是集合窦，外层呈深红色的是肌层，位于其两侧呈淡红色的分别是黏膜下层和浆膜。

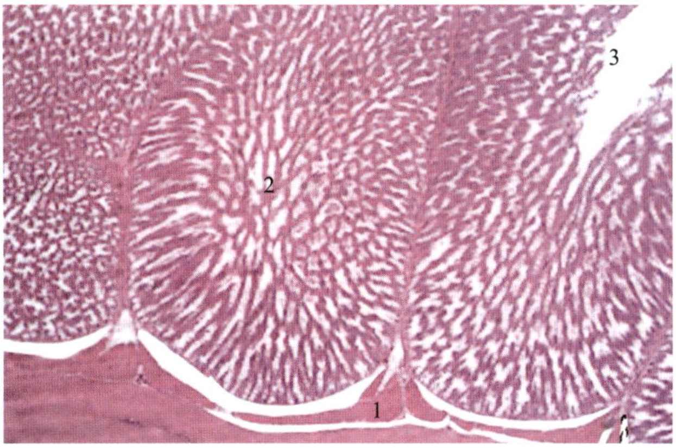

1. 肌层　2. 腺小叶　3. 集合窦

图 13-4 鸡腺胃(HE，低倍镜)

低倍镜观察：低倍镜下可见从黏膜面向外分 4 层结构，黏膜层突入到腔面形成多个皱襞，可见到黏膜上皮和固有层浅层的单管状腺、黏膜肌层和夹在两层黏膜肌层之间的深层复管状腺。

高倍镜观察：观察胃底部各层微细结构，着重观察黏膜上皮和胃底腺。

①黏膜层　上皮为单层柱状，胞质为弱的嗜碱性，着色浅，核位于细胞基部。固有层位于上皮的深面，内有大量紧密排列的管状腺(浅层为单管状腺，深层为复管状腺)，腺上皮为单层立方上皮或者单层柱状上皮，腺间有少量结缔组织和淋巴组织。黏膜肌层很薄，由纵行排列的平滑肌构成，浅层单管状腺下面仅有一些较薄的纵行肌束，深层复管状腺下方的肌层较厚。

②黏膜下层　为疏松结缔组织，内有血管及神经。

③肌层　由内斜、中环和外纵 3 层平滑肌构成，有的部位仅见内环行、外纵行两层。

④外膜　由少量疏松结缔组织和外表面的间皮构成。

(2)肌胃组织构造

肉眼观察：切片上染成蓝色的部分是黏膜层，红色较厚的部分是基层(图 13-5)。

低倍镜观察：低倍镜下可见从黏膜面向外分 4 层结构，黏膜层表面有浅灰色的类角质膜覆盖，黏膜上皮和固有层构成，没有黏膜肌层。

高倍镜观察：观察胃底部各层微细结构，着重观察黏膜上皮和胃底腺。

①黏膜层　上皮为单层柱状，细胞伸入固有层形成许多单管状腺(砂囊腺)，上皮表面形成许多漏斗形隐窝，隐窝底部为砂囊腺的开口处，固有层由结缔组织构成，内有许多平行排列的分支管状腺(砂囊腺)。

②黏膜下层　为致密结缔组织，内有血管及神经。

③肌层　很厚，由发达的环形平滑肌组成。

1. 肌层　2. 胃腺　3. 基层

图 13-5　鸡肌胃(HE，低倍镜)

(引自：彭克美，2021)

④外膜　外膜为浆膜层。

2. 鸡呼吸系统各器官组织构造

(1)气管切片

肉眼观察:管壁中深蓝色的结构为外膜的透明软骨。

低倍镜观察:区分气管的黏膜、黏膜下层和外膜。

高倍镜观察:黏膜上皮为假复层纤毛柱状上皮,细胞间夹有杯状细胞,柱状上皮细胞游离面有纤毛。固有层由结缔组织构成,含有大量弹性纤维及胶原纤维。黏膜下层内含丰富的气管腺及血管,外膜由透明软骨及疏松结缔组织构成。

(2)肺切片

肉眼观察:标本呈海绵状,切面呈紫红色的多空泡状,可见数个大小不等的管腔结构,中央较大的腔是初级支气管,较小的腔是次级支气管和三级支气管(图 13-6)。

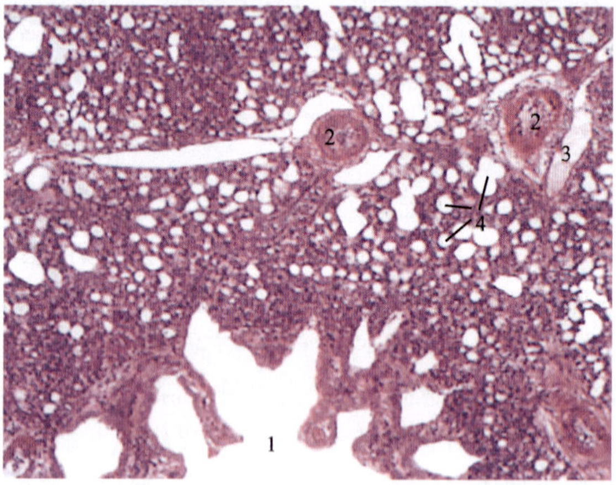

1. 三级支气管　2. 血管　3. 结缔组织　4. 肺房

图 13-6　鸡肺(HE,低倍镜)

低倍镜观察:被膜为浆膜,实质由无数肺泡和散在其间的初级支气管、次级支气管、三级支气管以及肺小叶。

高倍镜观察:

①初级支气管　切片上可观察到管径最粗,管壁厚,管壁基本层次与气管相同。黏膜突入管腔形成皱襞,管壁有小的软骨片,上皮为假复层纤毛柱状上皮,有杯状细胞。固有层内有大量弹性纤维和密集的淋巴组织,肌层不发达。

②次级支气管　管腔较小,管壁薄,上皮移行为单层柱状纤毛上皮,腺体、淋巴组织和杯状细胞逐渐减少,平滑肌增多。

③三级支气管　腔面有少量皱襞或缺如。上皮为单层扁平上皮,上皮外有薄层平滑肌和少量的弹性纤维。

④肺小叶　切面上可观察到呈六角形的肺小叶,中央是一个较大的三级支气管管腔,周边与相邻肺小叶有少量间质作不完整的分隔,间质内有时可见较大的血管。

3.鸡泌尿系统的组织结构

鸡肾肉眼观察:鸡肾切面呈紫红色,标本表层染色较深的部分是皮质小叶,深层染色较浅的部分是髓质小叶。

低倍镜观察:肾表面有一层很薄的被膜,有致密结缔组织构成,小叶间结缔组织不发达,肾实质由许多皮质小叶和髓质小叶组成,皮质小叶的中央有一中央静脉,髓质小叶位于深部,染色较浅,由许多纵行管道构成(图 13-7)。

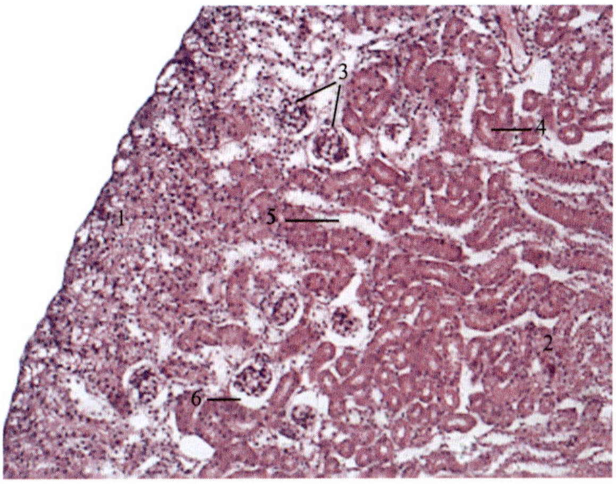

1.皮质　2.髓质　3.肾小体　4.近端小管　5.远端小管　6.肾小囊腔

图 13-7　鸡肾(HE,低倍镜)

高倍镜观察:被膜、皮质小叶和髓质小叶结构。

①被膜　被膜为肾表面的致密结缔组织膜,内夹杂有少量平滑肌纤维。

②皮质小叶　主要由肾小体和大量的肾小管切面构成。

肾小体　与哺乳动物相比数量多,体积较小,环绕中央静脉呈马蹄状排列,也是由血管球和肾小囊组成。血管球是一团盘曲的毛细血管网,肾小囊包在血管球外面,分为壁层和脏层。壁层为单层扁平上皮,脏层的足细胞紧贴血管球。脏层和壁层之间的腔隙为囊腔。

近曲小管　位于肾小体附近,在皮质小叶内最多,管腔狭小而不规则,上皮细胞间界限不明显,细胞较高,胞质染色较深,嗜酸性,核大而圆,排列稀疏,位于基部。

远曲小管　分布于中央静脉周围,管腔大而明显,管壁为单层低柱状上皮细胞围成,胞核圆,位于细胞中央,细胞界限较清晰,染色较近曲小管浅。

致密斑　位于肾小体入球小动脉和出球小动脉之间,远曲小管近肾小体一侧的管壁上。致密斑上皮细胞呈高柱状,胞核椭圆形,深染且密集。

③髓质小叶　主要由大量纵行的肾小管和集合管构成。

细段　管径细,管壁为单层扁平上皮,胞质着色淡,核突向管腔。

集合管　管壁由单层立方形转为高柱状的上皮细胞围成,管腔较大,细胞分界清楚,胞质染色较淡,胞核圆形,位于细胞中央。

三、作业

1. 绘制高倍镜下腺胃胃壁的组织构造。
2. 绘制高倍镜下肺初级支气管和气管的组织结构。
3. 绘制高倍镜下肾的组织结构。

实验十四　家禽早期胚胎发育

一、目的与要求

了解鸡胚早期胚胎发育的主要过程。

二、实验内容与实验方法

(一)鸡胚整装片(孵化 18 h,HE 染色)

肉眼观察:椭圆形的红色区域为胚盘。

低倍镜观察:组织中央呈深红色的细长条状结构为原条,其中央的浅沟为原沟,沟两侧深红色的隆起为原褶,原条前端膨大处为原结(图 14-1)。

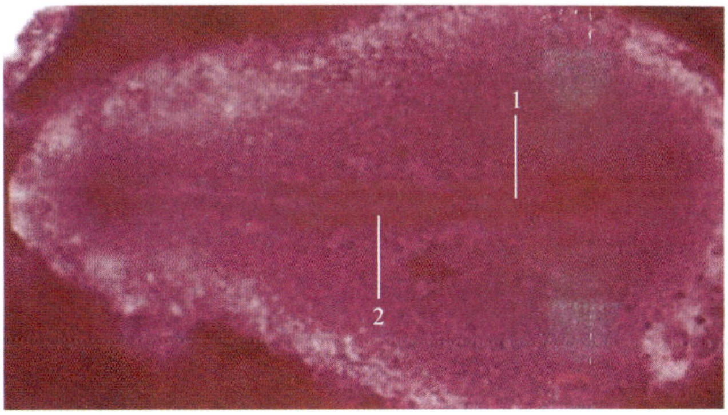

1. 原沟　2. 原褶

图 14-1　孵化 18 h 鸡胚整装片(示原条,HE,40×)

(引自:董玉兰,2018)

(二)鸡胚整装片(孵化 21 h,HE 染色)

肉眼观察:长椭圆形红色区域为胚盘。中央深红色的条索状结构是鸡胚体。

低倍镜观察:染色较深的一端为头部,染色较浅的一端为尾部。主要观察体节、神经褶和原条等的形态结构(图 14-2)。

原条　在胚体后仍可观察到已缩短的原条,原结仍可见。

体节　胚盘中轴的中段。可见左右对称的方块形体节。体节外侧连接中胚层,再外为侧板。

神经褶　在左、右二排体节之间可见浅色的神经沟,沟中央调焦至下平面可见脊索。沟两旁为深红色的神经褶。

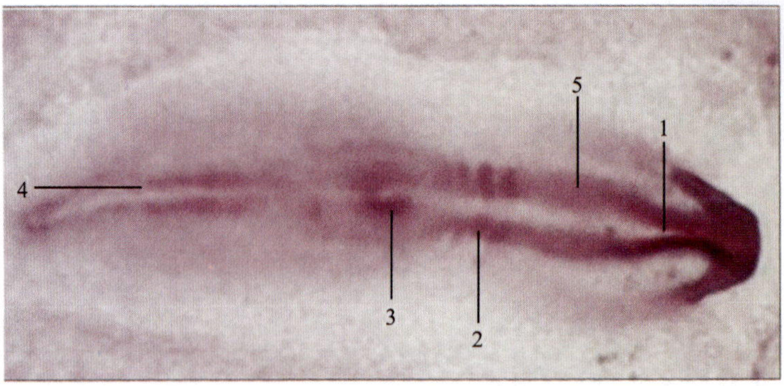

1. 神经沟　2. 体节　3. 原结　4. 原条　5. 神经褶

图 14-2　孵化 21 h 鸡胚整装片(HE,40×)

(引自:董玉兰,2018)

(三)鸡胚整装片(孵化 24 h,HE 染色)

肉眼观察:可见到绿豆大的血岛。

高倍镜观察切片:胚盘由上、下两胚层组成,上胚层细胞柱状和下胚层细胞立方形(图 14-3)。

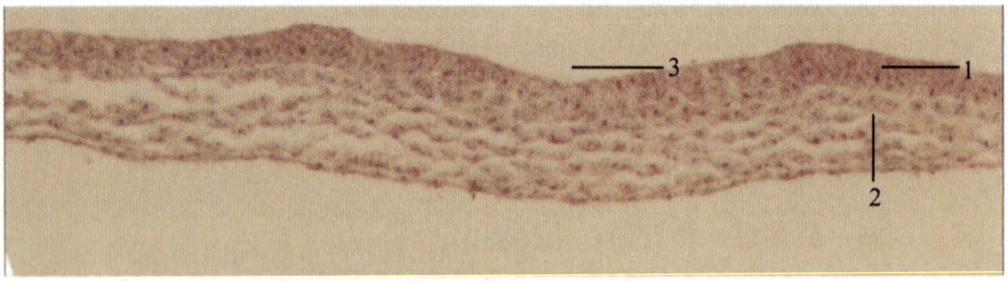

1. 上胚层柱状细胞　2. 下胚层立方形细胞　3. 原沟

图 14-3　孵化 24 h 鸡胚整装片(HE,200×)

(引自:董玉兰,2018)

(四)鸡胚整装片(孵化 33～38 h,HE 染色)

肉眼观察:胚体长度增长。

低倍镜观察:染色较深的一端为头部,染色较浅的一端为尾部。体节增多,脑已分化为端脑、前脑、中脑、后脑和末脑,但界限不清,视泡和心脏出现(图 14-4)。

(五)鸡胚整装片(孵化 48 h,HE 染色)

肉眼观察:卵黄阴影中有一小黑点。

低倍镜观察装片:视囊和听囊出现,心脏形成,血管出现。

(六)鸡胚整装片(孵化 72 h,HE 染色)

肉眼观察:卵黄阴影中有黑点,黑点周围出现血管。

低倍镜观察装片:脑已清楚地分为端脑、前脑、中脑、后脑和末脑 5 部分,翅芽、肢芽和尾芽出现,鳃弓 5 对,尿囊出现(图 14-5)。

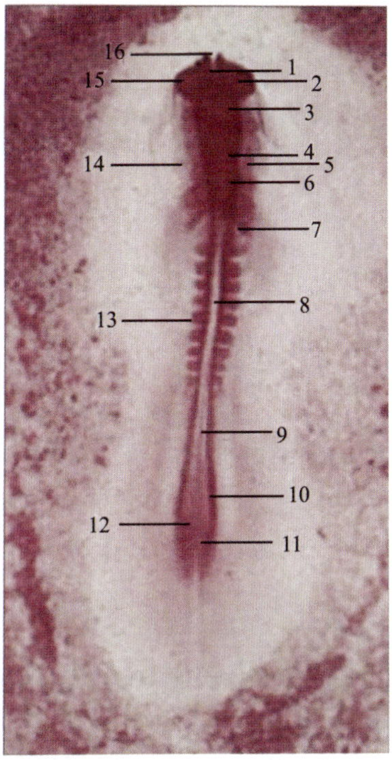

1.端脑 2.间脑 3.中脑 4.后脑 5.心室 6.末脑 7.前肠门 8.脊髓 9.脊索 10.神经褶 11.原条 12.原结 13.体节 14.前肠 15.视泡 16.前神经孔

图 14-4 孵化 33～38 h 鸡胚整装片(HE,40×)

(引自:董玉兰,2018)

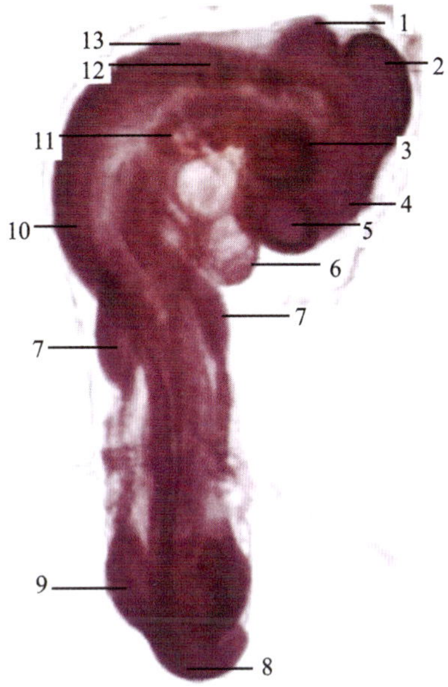

1.后脑 2.中脑 3.眼 4.间脑 5.前脑 6.心脏 7.翅芽 8.尾芽 9.肢芽 10.体节 11.咽囊 12.听囊 13.脊索

图 14-5 孵化 72 h 鸡胚整装片(HE,40×)

(引自:董玉兰,2018)

(七)鸡胚整装片(孵化 96 h,HE 染色)

肉眼观察:卵黄囊血管包围卵黄囊约 1/3。

低倍镜观察装片:大脑半球明显,眼发育较快,内有色素沉着,眼球明显。心脏大小接近成体心脏,腮弓和腮囊开始模糊不清。

三、作业

任选一鸡胚整装片绘图。

参考文献

1. 雷治海. 动物解剖学. 北京:科学出版社,2016.

2. 杨银凤. 家畜解剖学及组织胚胎学. 4 版. 北京:中国农业出版社,2011.

3. 沈霞芬,卿素珠. 家畜组织学与胚胎学. 5 版. 北京:中国农业出版社,2019.

4. 丁明孝,王喜忠,张传茂,等. 细胞生物学. 5 版. 北京:高等教育出版社,2020.

5. 彭克美,畜禽解剖学. 北京:高等教育出版社,2016.

6. 马仲华. 家畜解剖学与组织胚胎学. 4 版. 北京:中国农业出版社,2016.

7. 董玉兰. 动物解剖及组织胚胎学彩色实验教程. 北京:中国农业大学出版社,2018.

8. 柯尼希,等. 家畜兽医解剖学教程与彩色图谱. 陈耀星,刘为民,等译. 北京:中国农业大学出版社,2009.

9. 王会香. 动物解剖原色图谱. 合肥:安徽科学技术出版社,2008.

10. 陈耀星,崔燕. 动物解剖学与组织胚胎学(全彩版). 北京:中国农业出版社,2019.

11. 陈耀星. 动物解剖学彩色图谱. 北京:中国农业出版社,2013.

12. 陈耀星,王子旭. 猪解剖学与组织学彩色图谱. 北京:北京科学技术出版社,2018.

13. 程辉龙,涂腊根. 人体解剖学与组织胚胎学. 北京:科学出版社,2010.

14. 彭克美. 动物组织学与胚胎学彩色图谱. 北京:中国农业出版社,2021.

15. 李健. 鸡解剖组织彩色图谱. 北京:化学工业出版社,2014.

16. 沈和湘. 畜禽系统解剖学. 合肥:安徽科学技术出版社,1997.

17. 陈耀星. 动物解剖学与组织胚胎学. 北京:中国农业出版社,2020.